天地

智道

高寿仙 ◎ 著

U0352181

中国社会出版社

国家一级出版社 ★ 全国百佳图书出版单位

图书在版编目（CIP）数据

天地智道/高寿仙著. －－北京：中国社会出版社，2012.4
（中国古代智道丛书/王熹主编）
ISBN 978－7－5087－3986－1

Ⅰ.①天… Ⅱ.①高… Ⅲ.①自然哲学—哲学思想—研究—中国—古代
Ⅳ.①N092

中国版本图书馆 CIP 数据核字（2012）第 061207 号

天地智道

丛 书 名：中国古代智道丛书
主 编：王 熹
著 者：高寿仙
责任编辑：牟 洁
出版发行：中国社会出版社 　　　　邮政编码：100032
通联方法：北京市西城区二龙路甲 33 号
　　　　　　编辑部：（010）66063028
　　　　　　发行部：（010）66085300 　　（010）66080300
　　　　　　　　　　（010）66083600
　　　　　　邮购部：（010）66061078
网 址：www. shcbs. com. cn
经 销：各地新华书店
印刷装订：中国电影出版社印刷厂
开 本：170mm×235mm 　1/16
印 张：12.75
字 数：160 千字
版 次：2012 年 7 月第 1 版
印 次：2012 年 7 月第 1 次印刷
定 价：32.00 元

图二 『天子无质，高远无极』—宣夜说

图三 汉武帝泰山封禅

图五 僧人选寺址，多为山清水秀之地

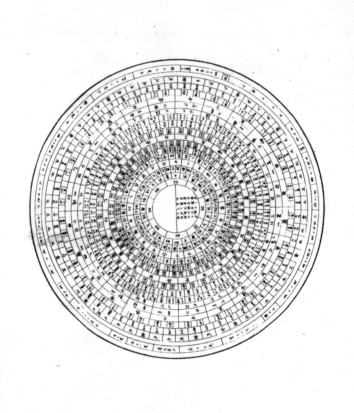

总　序

中国有五千年的发展历史，是一个文献典籍资源极为丰富的国度，国人以此为荣耀和骄傲。我们的先人怀着对中国历史发展无比崇敬的热忱，特别注重对历史过程的探索，注重历史发展规律和经验教训的总结及借镜。他们以继承和发展、开拓与创新为重，以赴汤蹈火、前仆后继的大无畏民族精神，不顾身家安危，敢于向皇权和邪恶势力作斗争，直面千夫指，捍卫了历史的尊严与神圣，载述了历史发展的轨迹，极大地丰富了历史科学的内涵，进而使我们拥有了二十五史、地方志、实录、文集等林林总总、无与伦比的历史文化遗产，为我们继往开来、建设更加繁荣强盛的国家提供了科学依据。

历史是不能假设的，否则就是荒谬；现实是需要面对的，否则就是逃避，而沟通历史、现实与未来的桥梁，恰恰就是文化与智慧。历史为我们提供了动力的源泉，使我们懂得伟大源自平凡，崇高源自执着，魅力源自孤独，成功源自独创，生存源自选择。中华人民共和国成立后，毛泽东等老一代革命家将历史研究与认识国情、建设新中国紧密联系，赋予历史科学新的生命活力，使中国的史学研究和发展有过一段前所未有的辉煌时期，涌现出许许多多像范文澜、郭沫若、翦伯赞、白寿彝、蔡美彪等在海内外都享有盛名的历史学家，他们撰写的中国通史、断代史、专门史以及普及教育的历史著作，培养造就了一大批专业史学工作者和历史爱好者，使中国的传统史学研究有了传人和继承者，这是祖宗的恩赐，更是老一代革命家的冀盼和厚望。正是在先辈的感召和谆谆教诲下，20 世纪 90年代的初期，一批专门从事中国历史研究颇有造诣的年轻史学工作者，因应广西教育出版社江淳女士、李人凡先生的要求，将各自在史学研究领域，钻研积累的个人心得认识贡献出来，由涓涓细流汇集为《中国古代智道丛书》系列出版，取得了较好的社会效果，赢得了读者的赞赏。这说明历史文化本身就是一种生产力，它是推动历史、现实，更是推动未来向前发展的动力。

回首往事，斗换星移，当年的年轻学者如今有的是教授、研究员、博士生导师，有的是科研部门的骨干力量；往昔出版社的独具慧眼，使我们能够捷足先登，得以充分展露自己的才华睿智，获得社会和世人的认同，的确幸莫大焉。而今中国社会出版社重新出版我们的研究成果，致力于服务大众和弘扬祖国的历史文化，他们确实具有远见卓识，令人为之振奋。这是我们著者的机缘，也是读者的幸运，更有可能"走出去"，让世界人民了解我们中国古代灿烂的文化和悠久的历史。《中国古代智道丛书》是从我泱泱中华文明之树上采撷的一批智慧之果，经由最耐得住寂寞的专家、学者的阐释、总结、提炼与升华，形成了一套关于天地、节令、宫省、君臣、治国、人际、军事、用人、饮食、服饰的中国古代智道丛书。它们自成一体，各有侧重；互相映衬、珠联璧合。这套源自中国古代人民智慧的丛书，是迄今仍具活力的灿烂奇葩。它香溢神州，芳播四海。它是古代炎黄子孙的伟大创造，更是世界文化宝库的璀璨明珠。它为全人类所仰慕，理应为全人类所利用。

有感于此，是为序。

王　熹

2012 年 5 月于澳门理工学院成人教育及特别计划中心

目　录

中国古代智道丛书

天地智道

积阳为天　积阴为地

第一讲

天地之运与自然之道

　　传统与现实之间，虽有差异矛盾，但更浑然相通。"子在川上曰：'逝者如斯夫，不舍昼夜。'"孔子的确是一位杰出的思想家，他从流水潺潺的平常景象中，体味出时事运转、无穷无尽的天地意识。天地之化，生生不已，日往则月来，寒往则暑易，往者过，来者续，无一息之停留，正如河水之流淌。传统也恰似一条河，它发源于远古，潺湲而下，汇纳百川，以成巨流，一直流向今天和明天。因此，所谓现代，本不外乎传统之播统，而传统，也绝不是博物馆里的死古董，除了供人研究、观赏外，毫无现实价值可言。可以说，我们无往不在传统之中。

　　中国古代的天地智道，内容宏丰，自成体系。所谓"智道"并不仅仅是现代意义上的"智慧"（Wisdom），而是指体现民族性格的心理结构，也就是一种文化精神传统。因此，它实质上是源于中国本土文明所衍生的、独具中国特色的一种文化，一种艺术，一种科学，一种智慧的结晶。不管愿意与否，这种文化精神传统仍在直接地或间接地影响着今天的人们，有时其影响力还相当强大。

　　在中国的文化精神传统中，天地观占有重要位置，当然其落脚点是在人，天道是为人道张本，天文是为人文垂范。《易·系辞传》云："天地变化，圣人象之。"刘勰《文心雕龙·原道》云："观天文以极变，观人文以成化，然后能经纬区宇，弥纶彝宪，发挥事业，彪炳辞义。"由此我们可以看到天地之道的终极意义，也可看到天地之道的现实功用。

1

虚幻与现实：中国古代的天地观

在古代世界中，一个民族的天地观与其宗教信仰的形态是密切关联的。我们认为，中国宗教可以界定为"哲人—巫教型宗教"，这也就是说，中国宗教是处于冷静的哲理思考和荒唐的巫教信仰之间的形态，它内含着一种强大的张力：一方面是反对过分的迷狂和淫祀，试图把宗教信仰尽力纳入礼制的和理性的范围，另一方面则体现了原始宗教所具有的狂热性，对神的祭祀和崇拜毫无节制。从自力宗教与他力宗教的角度看，中国宗教的内在张力表现为，一方面是对内在超越的高度强调和自觉追求，另一方面是对神灵和偶像的绝对依赖。

与这种宗教信仰的特点相适应，中国传统的天地观也呈现出斑驳陆离的色彩，是多层次、多角度的。有些人否认天地具有神性，而另一些人则坚信天的神性。承认天的神性的人们的态度也有很强的张力，一方面把众多的天体气象和地理事物加以神化，相信它们的绝对威力，对之祈求膜拜，希望众神赐福消灾，扶危济困；另一方面，则又相信神的意志以人的意志为依归，希望通过自己的道德修养和行为品行影响神灵的态度和行动。当然，大多数人采取的是一种折中与中和的态度。

斑驳陆离的天地观念

大体说来，中国古代的天地观可以区分为三类，即自然的天地观、宗教的天地观和伦理的天地观。

所谓自然的天地观，就是将天地视为无生命、无感情的客观物体，认为日月星辰的运行，阴晴雨雪的交替，江河的流淌，山岳的耸峙，都有着自然的规律，与人类的道德品行没有任何关联。在中国思想史上，对这种观念进行较为系统阐述的最早的一位思想家是荀子，他提出"天行有常，不为尧存，不为桀亡"，认为天就是列星、日月、四时、阴阳、风雨、万物等自然变化的现象，或者说天就是整个自然界，是一个有秩序、万物并陈而不杂乱的宇宙整体。"天有常道矣，地有常数矣"，自然界有着自己的运行规律，不以人的意志为转移，"天不为人之恶寒也，辍冬，地不为人之恶辽远也，辍广"。荀子认为，天与人事没有任何瓜葛纠结，也无法相互感应，自然界有时会出现一些怪异现象，有的较常见，如日食、月食等，也有的不常见，如星坠、木鸣等，这些都是自然界自身运动变化的结果，与人事活动没有关联，不值得害怕忧虑。当然，也应看到，荀子的天地自然观是不彻底的，他还说过"天生蒸民，有所以取之"，"皇天隆物，以示下民，或厚或薄，帝不均齐"，似乎仍然相信上天是有意志的，是人世间的主宰者。

荀子对天地的自然性的认识，被东汉时期的王充发扬光大。当时描述宇宙结构的盖天说、浑天说、宣夜说争鸣不已，盖天说、浑天说尽管描述的结构不同，但都认为天是固体的，宣夜说则认为天是气体的。王充从天文学的发展中吸取养料，充实自己关于天道自然的观点。王充认为，"寒暑有节，不为人变改也"，"日朝出而暮入，非求之也，天道自然"，日月运行，寒暑更替，都是自然而然的客观规律，不会因人的意志而改变。人事的吉凶祸福与政治上的衰乱也和天无关，比如日月食，是完全可以推算出来的，"在天之变，日月薄蚀，四十二月日一食，五至六月月亦一食。食有常数，不在政治。百变千灾，皆同一状，未必人君政教所致"。王充由日、月食推及一切灾异，认为各种灾异都有各自特定的原因，与政治无关。"人不能以行感天，天亦不随行而应人"，王充对当时盛行的天人感应、谶纬迷信思想进行了严厉的批评。王充在继承荀子思想的同时，也作出了重大发展。荀子强调"明于天人之分"，认为天与人没有关联。但是，人的直观经验和科学知识的发展表明，天与动物、与人之间是有千丝万缕的联系的。比如，天要下雨，蚂蚁先搬家，蚯蚓钻出土；天阴下雨，人的有些疾病也会发作等。一味强调天人相分，而不能对这些联系作出解释，是难以服人的。王充继承了董仲舒的看法，认为天施气，产生了人和万物，人和万物都是含着天气而生长的，同气相感，故可相应。不过，王充反对董仲舒所说的天人相互感应论，主张天体庞大，故可通过气而感动人，人体渺小，不能通过气而感动天，天之感动人是无意识的自然现象，并不具有其他意义。

围绕天是有意志的还是自然的，在唐末思想界中展升一场辩论，参加辩论的韩愈、柳宗元和刘禹锡，都是当时颇负盛名的人物。这场辩论由韩愈挑起，他写信给柳宗元，认为人有痛苦疾寒，就会仰天而呼，说天不公道，其实天听到人的呼喊怨愤，对有功者必定给予重赏，对有罪者必定给予重罚。对于韩愈的这种观点，柳宗元提出激烈批判，他认为天地是没有意志的，不是神秘的精神性事物，上而玄黄色的就是天，下而黄色的是地，天地虽然十分庞大，其实和瓜果草木等自然物并没有本质上的区别，同样都是物质性的东西。天地和万物的形成都是阴阳二气相互作用的结果，天地万物之间并不存在什么最高的主宰，一切都是"自动自休，自峙自流"，"自斗自竭，自崩自缺"的自然运转过程，有功的人是自己立的功，有祸的人是自己招的祸，与天地丝毫不相干。刘禹锡支持柳宗元的观点，对天是一种客观存在，进行了更详细的说明，并进一步提出天人交相胜的新观点。

总的来看，在中国古代，持自然的天地观的人并不多见，所以我们才可以挑选几个代表性的思想家来说明这种观念。而宗教的天地观就无法用几个思想家来说明了，它是中国古代占有绝对优势的天地意识，为大多数人所信奉，上至大思想家，下至村老农妇，自帝王以至于庶民，概莫能外。值得注意的是，同是持宗教性的天地观的人们，其侧重点和层次也有不同。对于思想家来说，设定一个神秘的至上神有时是出于维持现世社会政治秩序的考虑，如墨家继承西周以来的宗教思想，认为天是人格化的、有意志的，是无所不在、具有无上权威、能左右人间事务、能代表人间正义公理的最高存在。但墨家如此推崇天，是为了建构自己的政治理想蓝图，因此墨家的天不是西方神学意义上的"上帝"，而是富有现实的人文主义精神意义上的最高主宰。再比如将天人感应论推向极致的董仲舒，曾明确指出自己建构这一理论的目的是"屈民而伸君，屈君而伸天"。所谓"屈民"，就是让老百姓相信君权神授，神圣不可侵犯，安于现世的社会秩序；所谓"屈君"，就是以天的权威限制帝王的行为，要君主们相信"天之生民，非为王也，而天立王以为民也，故其德足以安乐民者，天予之，其恶足以贼害民者，天夺之"。防止君主过分放纵恣肆，导致天下动荡，生灵涂炭，国破家亡。

对于普通大众来说，天和地没有过于深奥的意义，在他们眼中，天和地都是充满无数神灵的所在。这种观念的起源很早，是原始巫教阶段的产物。世界上所有民族都经历过巫教阶段，但一些民族由原始巫教发展出了一神教，也有不少民族始终保持着多种崇拜，而且巫教的泛灵观念一直保存下来，因而有数不清的神灵，就是天神和地神究竟有多少也很难数得清。术数则是巫教的系统化和理论化，其观念与巫教也略微有了些差异。对于星象家来说，天体和气象现象是神秘的，但其本身并不是神，而是神意所表达的吉凶展示；而在风水家眼里，山岳江河则是充满灵性的，但又是可以制约、可以利用的，只要找到了"真穴"，就能兴旺发达，而住宅和墓茔所处地方不利，则会有厄运来临，这种吉凶并不是由神直接决定的，而是由地理环境和方位造成的，通过人的选择和改造可以进行改变。

伦理的天地观就是把天地视为道德的本体。由于"神道设教"是中国一贯的传统，对天地的宗教性的看法和伦理性的看法常常是水乳交融的，伦理的天地以宗教的天地为基础，宗教的天地因具伦理意义而更加神圣崇高，伦理的天地因具宗教意义而更加牢不可破。凡是主张宗教性的天地观的人，基本上也都同时相信天地的伦理性，当一个遭受欺凌和痛苦的人呼天抢地，希望老天爷惩治暴虐之徒的时候，两种天地观在他心中是融为一体的。上述墨子和董仲舒均用天来做自己政治理论大厦的基石，实际上也是把宗教的天与伦理的天熔为一炉。清代学者皮锡瑞在《经学通论·易经》中指出："古之王者恐己不能无失德，又恐子孙不能无过举也，常假天变以示儆惕……后世君尊臣卑，儒臣不敢正言匡君，于是亦假天道进谏，以为仁义之说，人君之所厌闻，而祥异之占，人君之所敬畏。"这番话是就规范统治者而论，实际上这种思想对平民百姓也有很大的制约和潜在的警示作用。

天地观与时代精神

中国古代的天地观并不是一成不变的，尽管其主调前后具有连续性和统一性，但循着历史发展的长河放眼望去，它在不同的时代又有着自己鲜明的特色，而且与整个时代精神是息息相通的。

周代以前，是宗教迷狂的时代，人们对于日月星辰、山岳河湖等自然物非常崇拜敬畏。在这种时候，还没有所谓"天地"意识，人们所孜孜追求的就是人神沟通。《礼含文嘉》云："天子灵台，以考观天人之际。"当时人神沟通的方法是多种多样的，但对最高统治者来说，"灵台"却有着十分重要的作用，因而我们才看到这样一幕历史戏剧：当周文王积蓄力量，准备灭商的时候，征用了大量人力赶造了一座灵台，《诗·大雅·灵台》对此吟咏道："经始灵台，经之营之。庶民攻之，不日成之。"灵台在汉代以来被作为天文观象台的代称，故郑玄注谓"天子有灵台者，所以观祲象、察氛祥也"，孔颖达疏引公羊说谓"天子有灵台以观天文"。但在周代以前，其功用并不如此简单。在原始巫教观念中，神及巫都可以从山上下于天地之间，因而山有极大的神性，而所谓灵台，实际上就是对山的模仿，故当时台的体积非常高大，《新序·刺奢》中有"纣为鹿台，七年而成，其大三里，高千尺，临望云雨"之说。即以周文王所筑灵台而言，到唐代初年，已经过了近二千年，其遗址仍有二丈高，周回一百二十步。台是与神沟通的场所，帝王受命要登台，平时也常在台上祭祀神灵。台起初并不一定有观天象之功用，但台既然用以通神，星象学兴起也是为了窥测神意，故后来逐渐凭借高台以观天象。到原始巫教逐步礼制化后，人们主要不再通过台与神沟通，但其观天象的功能一直保存下来，开后世观象台之先河。通天的灵台典型地体现了那个时代的精神，这就是人们崇尚迷狂、粗犷、充满野性的力量。

周代对商代的宗教进行了改造，用"天"代替了"上帝"。在商代，"帝"这个至上神与商王的祖先是密切联系在一起的，有的学者认为"帝"就是殷人的祖先神。周人的"天"在这一点上与殷人的"帝"有了很大不同，"天"（也称"天帝"、"皇天上帝"、"昊天上帝"等）是整个宇宙的至上神，与祖先判然有别。但是，周人的"天"在功能上与殷人的"帝"并无太大差别，也是掌管人间的吉凶祸福。与商人相比，周代在时代精神方面的最大不同，就是人文主义兴起，迷狂让位给理性，粗犷让位给雅致，野性让位给礼仪。所以，周人虽然依然持有宗教的天地观，但已不像殷人那样彻底屈服在"帝"的威灵之下，而是在宗教的天地观中尽量掺入伦理性的内容，把"天"描述成一个类似人格化的道德性的至上神，"皇天无亲，惟德是辅，民心无常，惟惠之怀"，对"天"的信仰上的这种改变至少带来了两个结果：一是对"天"采取敬而远之的态度，既然"天"的意志以民的意志为转移，"天道远，人道迩"，就不必过多的考虑"天"，而应把主要精力放在"民"上，由此奠定了中国文化注重人间事务的特点；二是刺激了星象学的兴盛，既然"天"是一个宗教性与伦理性的混合体，时刻关注着人间的事情，对善行予以奖赏，对恶行予以惩罚，统治者便千方百计想窥测天意，以期知道"天"对自己的统治是否满意，希望尽快了解天对人事的预示和警戒，而这正是星象学的功能。

对于西周和春秋时代的人们说来，关心的是现实生活，是礼仪秩序和政治兴衰，正如《庄子·齐物论》所说，"六合之外，圣人存而不论"。孔子就是一个典型的例子，他"不语怪力乱神"，对脱离现实生活的鬼神之事敬而远之，不愿多加谈论。但到战国时代，这种情况有了很大的改变，而这种改变是和政治格局的变化及地理知识的扩展联在一起的。战国以前，中国大地上布满了一个个政治实体（诸侯），这些政治实体的宗族性很强，与"中央"政府（周天子）的关系很松散，但到战国时代，形成了几个很大的国家，种族观念淡了下去，"中国"这个概念却变得越来越突出，人们的世界观念不断扩充。战国以前，只有一个空泛的"九州"和渺茫的"四海"的世界观念，人们不大理会四边的情形，到这时，人们却舒展开想象的翅膀，不仅有了具体的"九州"说和"四极"说，还出现了"大九州"，说和"大四极"说。其中最著名的是邹衍的世界图式（如图一），他认为以前所说的冀、兖、青、徐、扬、荆、豫、雍九州并不是整个世界，而是中国这块地方，叫做赤县神州，在中国之外还有八个类似的州，与赤县神州组成"九州"，周围"裨海"环绕着，形成一个大州，这样的大州也有九个，外面又有"大瀛海"环绕着，故尔中国仅是天下的八十一分之一。这样的世界观，与《诗·商颂》所谓"邦畿千里，肇彼四海"相比，不知大了多少倍。

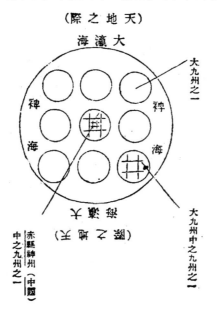

图一　战国邹衍的宇宙模式

事实上战国时代的思想家们，如庄子、孟子、荀子、惠施等等，都把思路眼界放得很宽很广，试图构筑一个空前庞大完整的模式，这个模式在一个本体的统摄下，包罗万象，将天地万物、古往今来囊括无遗，正如顾颉刚先生所说，"因为那时的疆域日益扩大，人民的见闻日益丰富，便在他们的思想中激起了世界的观念，大家高兴把宇宙猜上一猜。《庄子》上说，'计四海之在天地间也，不似礨空之在大泽乎？计中国之在海内，不似稊米之在太仓乎？'这是充其量的猜想，把四海与中国想得小极了"。这种统盖一切的宇宙模式与对政治大一统的期望是相呼应的，正是战国时代的这种观念奠定了秦汉大一统的思想基础，也铸就了中华民族根深蒂固的统一意识。

秦汉时代的天地观基本上可以视为战国时代的延续，但由于现实政治的变化，也注入了一些新的内容。战国时代的思想界非常活跃，相互之间争鸣不已，尽管大家都构想着涵盖万有的宇宙图景，但在各个具体思想家那里，构想的宇宙模式又很不相同，他们基本上都是己所是，非己所非，试图否定别人。但由于当时的政治四分五裂，中央集权的政治体系还处在开始阶段，故不同思想家只能展开论争，无法依靠政治权力压制对手。秦朝和汉朝的政治统一及中央集权的专制主义的高度发达，为思想界的统一奠定了现实基础，并最终由董仲舒集大成，他把天人之际的宇宙观与政治上的大一统联系起来，构成一个严密的体系。总体而言，汉代的宇宙观有两个突出特点：一是极其广大，"四方上下曰宇，往古来今曰宙"，宇宙是无边无际、无始无终、蕴含一切、无所不包的；二是非常规整，时间和空间、过去和未来、物质和精神、神和人，都统一在一个模式中，宇宙尽管包罗万有，却并不是杂乱无章的，而是非常和谐有序的。中国古代关于天地结构的三种学说——盖天说、浑天说、宣夜说——之所以都在汉代系统化并展开激烈论争，与当时的时代氛围是分不开的。那是一个博大雄阔、力量充溢而又整齐统一的时代，一提起"汉唐气象"，至今还有多少人心向往之！

魏晋南北朝时期的思想主流是玄学，玄学是对道家思想的继承和发展，与汉代的主流思想差别很大。因此，在天地观和精神风貌上，这一时期已与汉代迥然有异。这个时代的思想家们不再感兴趣于构建包罗万象的模式，而着力发掘天地的自然本性及其象征的自由的精神境界。这一时期具有代表性的思想认为，老、庄所揭示的道就是无，是真正的无，所谓道生万物，实际上就是万物自生。"天地任自然，无为无造，万物自相治理"，宇宙并没有造物主，也不存在一个产生万物的"原点"，天地万物完全是由于自身内部的动因而形成、而存在、而展开，这就是自然。可以说，玄学家们与董仲舒追求的目的是一致的，都追求天人合一，但在旨趣上却大相径庭，董仲舒的天人合一是依靠建立一个严整、庞大、统一，充满神学目的论的宇宙模式来实现，而玄学家们却要扫除任何人为的造作，把宇宙视为自然而然的和谐过程，并通过追求自然实现天人合一。魏晋南北朝士人崇尚简远淡泊、萧散清逸，追求天趣妙悟、境与心合，在他们看来，这正是对于天地韵律的体悟和呼应。

后世常将汉、唐并举，在精神风貌上，两个时代都崇尚雄浑阔大，确有相似之处。但是，由汉至唐，时间毕竟已过了数百年，唐文化并非是对汉文化的复归，而是对前此一切文化的继承总结，因此，唐代风貌与汉代又有很大不同。唐代既有汉代闳放雄阔的一面，也有魏晋隽逸散淡的一面，而且在士大夫那里，这两个方面是有机的融为一体的。在天地观方面，一方面唐人有着汉人那样的关切，在关于天的争论绝迹了许久以后，又出现了韩愈、柳宗元、刘禹锡那样的认真而热烈的论辩不是偶然的；另一方面，唐人承袭了玄学家们对自然的和谐的推崇和应和，以小观大，从一山一水、一草一木中体味宇宙的韵律。随着时间的推移和唐朝国力的衰微，后一方面越来越凸显了。中唐以后，文人们更是缩身于"壶中天地"，在狭小的"壶中"领略天地氤氲、宇宙运迈的无穷境界。

中国古代的天地观无论在深度方面还是在广度方面都被宋明理学推向极致。如果"把战国秦汉以后宇宙观的演变看成一个完整的螺旋形发展过程，那么很显然，董仲舒强调大一统'天人'体系中'天'对万灵万物直接的、无处不在的统摄是这个过程中的正题，而玄学、禅宗等强调'天人'体系中运迈迁化的自然韵律以及心灵对之的感悟就是反题，而理学则是其合题：它把对'天人'体系大一统的极尽强化，把宇宙本体（理或心）对万灵万物的统摄，与空前重视'天人'体系运迈迁化的自然韵律这两者最大限度地结合起来"。明理学发展分化为两个流派，一是理学，一是心学。理学家把"理"标举为宇宙的本体，认为"天地安有内外，言天地之外，便是不识天地也"，而这个无内无外、浑融凑泊的宇宙的统摄者便是"理"。万事万物都是由"理"化生的，形态虽千差万别，但都是作为本体的"理"的体现，这就是"理一分殊"，故尔理可随时体认，从身边的事物中就可感受宇宙本体的存在，宇宙运迈的无穷，这也就是所谓"不出户庭，直际天地"，心学家在基本看法上与理学家无多大差别，只是把"心"等同于"理"，使"心"上升为宇宙的本体。陆九渊说："宇宙便是吾心，吾心便是宇宙。"《传习录》中记载了王阳明与弟子的一段对话："先生曰：'尔看这个天地中间，什么是天地的心？'对曰：'尝闻人是天地的心。'曰：'人又为什么叫做心？'对曰：'只是一个灵明。''可知充天塞地，中间只有这个灵明。人只为形体自间隔了。我的灵明，便是天地鬼神的主宰……天地鬼神万物，离却我的灵明，便没有天地鬼神万物了。我的灵明，离却天地鬼神万物，亦没有我的灵明。如此便是一气流通的，如何与他间隔得？'"可见，心学家将自己的心无限扩充，从而实现与天地万物的合一。他们这种宇宙精神可用"心性图"描述概括（如图二）。

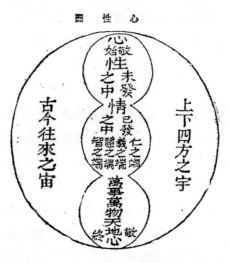

图二 明代理学家的宇宙模式

理学和心学的这种影响，使宋明时代的士大夫越来越把探求的方向转向内心，在方寸之间体味流化不已的宇宙精神。《论语·先进》记载，子路、曾晳、冉有、公西华侍坐，孔子让他们各言其志。子路、冉有皆有治国之志，公西华则希望能担任辅佐君主行礼的相者，孔子对他们的志向皆不以为然，独独赞赏曾晳所表达的如下志向："莫（暮）春者，春服既成。冠者五六人，童子六七人，浴乎沂，风乎舞雩，咏而归。"这段记载在儒家传统中原本不受重视，宋明理学家却对之推崇备至，他们认为"曾点见得事事物物上皆是天理流行，良辰美景，与几个好朋友行乐，他看他那几个说底功名事业，都不是了。他看见日用之间，莫非天理，在在处处，莫非可乐"。他们也极力追求这种境界，"万物静观皆自得，四时佳兴与人同。道通天地有形外，思入风云变态中"，而把事业功名看得无足轻重。明亡以后，知识界痛定思痛，认为心学的内向追求和空谈对明朝江山社稷的丢失和亡国惨祸的发生负有不可推卸的责任，因而对天人之际的兴趣冷淡下来，转而追求经世致用的实学和扎扎实实的考据学。但对大多数人来说，理学构建的天人体系仍有着支配性的影响。

域中有四大："道大，天大，地大，人亦大" ☁

中国各派思想家追求的理想人格是"圣人"。尽管对"圣人"的解释可能迥然不同，但共同的一点是，"圣人"的人格是与宇宙实现了统一的人。中国传统文化比较重视社会、现世和人伦日用，但又绝非像有些学者断言的那样纯粹是"入世的哲学"，只讲道德价值，不讲超道德的追求；中国思想家一向注重形而上学的问题，对天人关系阐发入微。因而，中国传统文化实际上是将宇宙与人生、入世和出世统一成一个"合题"，一个和谐的整体。弗兰克·梯利在谈到伦理学和形而上学的关系时说，"任何一个事实，不了解有关它的一切，不掌握它与整个宇宙的联系，也就不能够阐明它"，"要彻底地了解一件事物，就意味着要了解一切"。中国思想们对宇宙的本体的孜孜探求是出于现世的关切，而在人伦日用实践中又体验感悟了宇宙的本体；这一切，都要落实在人身上。因此，人在宇宙中的地位以及怎样才能成为"圣人"，实在是与天人观息息相通的。

沧海一粟与天地之心

比较早地提出人在宇宙中的地位问题的思想家是老子。在《老子》第二十五章中，他比较集中地回答了这一问题："有物混成，先天地生，寂兮寥兮，独立小改，周行而不殆，可以为天下母，吾不知其名，字之曰道，强为之名曰大，火曰逝，逝日远，远日反。故道大，天大，地大，人亦大。域中有四大，而人居其一焉。人法地，地法天，天法道，道法自然。"老子的思想核心是"道"，这是人的感官无法感知、人的思维无法辨析的"无"，但"无"并不等于一无所有，而是充满运动和创生的过程，天地万物都是"道"流化衍生而成的。但是，尽管天、地、人和万物均由道而生成，但地位却并不一样，天、地和人能够比较完美地体现"道"，故地位与"道"同等，构成宇宙之"四大"，高出于其他众物之上。当然，"四大"之间也有等级层次之分，天道是"道"的直接体现，而人道虽在理论上可以符合天道，但并不总是如此，《老子》第七十七章就批评过"天之道损有余而补不足，人之道则不然，损不足而奉有余"。因此，人应时时刻刻从天地运行这可见的"天道"和"地道"中体味玄虚不可见的自然的"道"，力图使"人道"合乎"天道"，符合"道"之自然。

庄子的许多思想是承袭老子而来，但就人在宇宙中的地位这个问题上，看法却与老子截然相反。庄子不认为天地万物之间有什么高下差别，而主张"齐物"，"天下莫大于秋毫之末，而大山为小，莫寿于殇子，而彭祖为夭"，这看似荒谬的命题，正是庄子思想的精髓所在。在庄子看来，天地是无穷大的，人处于无穷大的天地之间，显得十分渺小："吾在天地之间，犹小石小木之在大山也。方存乎见少，又奚以自多？计四海之在天地间也，不似礨空之在大泽乎？计中国之在海内，不似稀米之在太仓乎？号物之数谓之万，人处一焉。人卒九州，谷食之所生，舟车之所通，人处一焉。此其比万物也，不似毫末之在于马体乎？"四海之大，在天地间也不过像浩渺无际的大海中的一块石头上的一个小孔，中国之大，在四海之内也不过像国家粮仓中的一粒米，凡是生长粮食的地方，人迹可以到达的区域，全部加在一起，也不过像马身上的一根毫毛，个人之渺小也就可想而知了。庄子曾讲述过一则寓言：在蜗牛的两个触角上各自存在着一个国家，左角上的叫触氏，右角上的叫蛮氏，两个国家经常发生激烈战斗，战死者动辄数万，胜利者追击失败者，十五天才能返回来，这两个国家当然非常渺小。然而，四方上下无有穷尽，再大的国家和天下比起来也是蜗角之国，实在是微小得很。

与天地相比，人身既然如此渺小，自然发挥不了什么作用。庄子认为，人和万物都像在一个飞速旋转的大转盘上，从生到死，从成到毁，循环不已，看似有行动的自由，实际上不过是"道"展示自己的工具。进一步说，人不过是天地的附属品，连身体生命都非人所自有，遑论独立地位："汝身非汝有也……孰有之哉？曰：是天地之委形也。生非汝有，是天地之委和也。性命非汝有，是天地之委顺也。孙子非汝有，是天地之委蜕也。"处于这种境地的人类是很可悲的，"终身役役而不见其成功，苶然疲役而不知其所归，可不哀邪"！庄子的这种看法是有人类直观作基础的，当人处于"天苍苍，野茫茫"的境界中极目四望，不见际涯，确实会自感渺小，不由得生出怆然之感。就是在今天，当我们想到地球不过是围绕太阳旋转的一颗行星，太阳不过是拥有 2000 亿颗恒星的银河系中的一颗小恒星，围绕着银河系中心旋转，银河系本身也在旋转，而宇宙中类似银河系这样的河外星系不计其数，怎能不生出沧海一粟之感，甚至连一粟也算不上，在宇宙中几乎就是"无"。但是，庄子主要从形体大小上立论，轻视人的主观能动性，其观点不仅在当时呼应者少，而且缺乏后继者，我们只能在后世一些文学家的感叹中看到其影响，苏轼在《赤壁赋》中所谓"寄蜉蝣于天地，渺沧海之一粟"，即此类也。

对于中国古代的大多数思想家来说，人在宇宙中的地位是很崇高的。《周易·乾卦·文言》说"大人者，与天地合其德"；《论语·泰伯篇》谓"唯天为大，唯尧则之"；《孟子·尽心上》言"知其性则知天"。他们虽然都没有明确阐述人的地位，但人既能与天地合德，能则天、知天，则在他们眼中，人的地位实与老子所论相仿佛，在天地之下而又高于万物。对人的地位之卓越阐述得较清楚的是荀子，他指出："水火有气而无生，草木有生而无知，禽兽有知而无义，人有气，有生，有知，亦且有义，故最为天下贵也。"水火是纯粹物质的没有生命力，草木有了生命力却还没有知觉，禽兽有了知觉但还没有道德观念，而人不但有生命力，有知觉，也有道德观念，所以具有无可比拟的高贵地位。由于荀子主张"明于天人之分"，把天地视为客观的自然界，所以认为人的功用比天地还大："天地合而万物生，阴阳接而变化起，性伪合而天下治。天能生物，不能辨物也；地能载人，不能治人也；宇中万物生人之属，待圣人而后分也。"天地虽能生物载人，但不能辨物治人，如果没有"圣人"这样杰出的人，人与万物只能是混乱不堪，可见圣人之功，实较天地为大。正是出于这种认识，荀子在使用"道"这个概念时，剔除其形而上的意蕴，认为只有"人道"才有资格称为"道"："道者，非天之道，非地之道，人之所以道也，君子之所道（导）也。"

成书于战国末年或秦汉之际的《礼记·礼运篇》也从天人一德的角度进一步肯定了人在宇宙中的崇高地位。该篇指出，"人者，其天地之德，阴阳之交，鬼神之会：五行之秀气也"；又说"人者，天地之心也，五行之端也，食味别声被色而生者也"。在这里，人被标定为"天地之心"，所谓心，是能知能觉的器官，没有了心，则不能知觉，故这里虽仍强调人效法天，与天地合德，但天地之德无人则无由显，人就是天地的自觉点，"人无天地，无以生，天地无人，无以灵"，足见人之重要性。董仲舒虽然建立了一个包罗万象的神学目的论的宇宙体系，赋予天以赏善罚恶、时刻监视着人间事务的至上神地位，但也并没有让天的灵光淹没了人，同样给人在宇宙中安排了一个极其重要的位置。他指出："人受命于天，固超然异于群生。人有父子兄弟之亲，出有君臣上下之谊，会聚相遇，则有耆老长幼之施，粲然有文以相接，欢然有恩以相爱，此人之所以贵也。生五谷以食之，桑麻以衣之，六畜以养之，服牛乘马，圈豹槛虎，是其得天之灵，贵于物也。故孔子曰：'天地之性人为贵。'明于天性，知自贵于物。"（《汉书·董仲舒传》）董仲舒将天视为神，认为人受命于天，对天的看法与荀子将天视为自然物判然有别，但在论述人之所以崇高尊贵时，则与荀子非常接近，认为人所以高贵，是因为人有礼仪道德。他还将天、地、人并列为"万物之本"，说"天生之，地养之，人成之，天生之以孝悌，地养之以衣食，人成之以礼乐，三者相为手足，合以成体，不可一无也"，与上引《荀子·礼论》所说十分相似，当然荀子未像他这样强调天、地、人三者合而成体。人能与天、地同列为"万物之本"，也就是说如果仅有天、地而无人，而万物仍无以成，"人之超然万物之上而最为天下贵"，是无可置疑的。

人在宇宙中的崇高地位，在宋明理学家那里，再一次得到弘扬。张载在《西铭》中说："乾称父，坤称母；予兹藐焉，乃浑然中处。故天地之塞，吾其体；天地之帅，吾其性。"人形体很渺小，可以说是卑微的存在，但人以天为父，以地为母，在其中间混然而居，故充塞天地之间的东西都可视为我的"体"，而统率天地的最高本体就是我的"性"，这样人也就有了《中庸》所说的"与天地参"的地位，可以赞助天地之化育。张载的态度，可以说就是宋明理学对人在宇宙中的地位的基本看法。对于这一问题，宋明理学家都很重视，并从不同角度予以论述。如邵雍以象数之学见长，便以数阐释人之地位之崇高，说："人之所以能灵于万物者，谓其目能收万物之色，耳能收万物之声，鼻能收万物之气，口能收万物之味……然则人亦物也，圣亦人也。有一物之物，有十物之物，有百物之物，有千物之物，有万物之物，有亿物之物，有兆物之物。生一一之物，当兆物之物，岂非人乎？有一人之人，有十人之人，有百人之人，有千人之人，有万人之人，有亿人之人，有兆人之人。生一一之人，当兆人之人者，岂非圣乎？是知人也者，物之至也；圣也者，人之至者也。"可见，物的地位以价值功用而论，人也是物，但比物之价值功用大得多，一人之价值功用可抵兆物之价值功用，故人为万物之最；而人与人之价值也不同，最高者一人可抵兆人，这种人也就是"至人"。至清代戴震，仍极推崇人之地位，谓"人之才得天地之全能，通天地之全德"。

总括言之，在中国传统思想的观点中，有少数思想家把人在宇宙中的地位看得无足轻重，认为人极其渺小，其立论的方法，是将人与天地在形体上加以比较；而大多数思想家把人在宇宙中的地位看得极其崇高，认为人是万物之灵，其立论的方法各异，但都是从人所具有的特性着眼，将人与天地、与万物加以比较，以彰显人独有的智慧和道德品质，并进而赋予人参天地、赞万物的神圣使命。后一种观念是中国文化精神传统的主流。

法天地与顺自然的人格追求

中国思想家的理想人格模式是与天人观连在一起的，对天人观的不同看法导致了不同的追求。如果我们纵向地看一下中国精神发展的历史，就会发现，两千多年间士大夫们追求的那种人格模式，在先秦时期就已奠定了思想基础；而在先秦争鸣不已、各擅胜场的诸子百家中，在人格模式方面给后世以最大影响的，当推儒家和道家。由此形成的两种理想人格模式，看似对立，其实是互补的，并在"内圣外王"、"穷则独善其身，达则兼济天下"的模式中达到和谐统一，浑然无间。

后世儒家把孔子尊为"至圣"，视为理想人格的最高体现，是有充分道理的，因为正是孔子的思想境界及一生凄凄惶惶为实现自己的理想奔波不已的人格魅力，为后世树立了完美的人格的楷模。在建立自己的理想人格模式时，孔子充分利用了传统文化的素材，往远则构建了"三代之治"的理想社会，赋予尧、舜、禹以"圣人"的品格，就近则美化了西周礼制，树立文、武、周公的"圣人"形象。就《尚书》中的有关记载来看，尧、舜、禹这些上古"圣王"有着共同的品德，这就是敬谨、明达、谦和，能光大其德、感通神明、堕睦九族、协和万邦等等。他们为"王道"树立了极则，这就是"大中至正之道"："无偏无党，王道荡荡；无党无偏，王道平平；无反无侧，王道正直。"周文王没有取代殷纣王而有天下，他之所以被视为"圣人"，主要是由于"德之纯"，周初以来的文献中有大量赞颂文王品德的文字，周人认为周能获得天命而取天下，完全是文王之德所致。

到孔子时代，现实中已不存在"圣人"，孔子曾叹息说："圣人，吾不得而见之矣，得见君子者，斯可矣！"孔子虽然没有明言，实际上他所致力的，就是使社会复归于圣人之道；而要实现这一目标，最根本的是个人的人性修养，这就是"仁"。"克己复礼为仁，一日克己复礼，天下归仁焉"。"天下归仁"的社会，实际上就是"三代之治"的理想社会。在《论语》一书中，"仁"字竟出现了109次，足可见孔子对"仁"之重视。所有的美德，都被视为"仁"的内涵，"仁"成为人格美德的最高境界。孔子把实践"仁"立为君子的终身目标，号召"君子无终食之间违仁，造次必于是，颠沛必于是"，"无求生以害仁，有杀身以成仁"。曾子也说："士不可以不弘毅，任重而道远；仁以为己任，不亦重乎！死而后已，不亦远乎！"

由于自己杰出的品行，孔子很快就被尊为"圣人"，而且是最完满的"圣人"。宰我认为孔子之贤远过于尧、舜，孟子更把孔子视为自生民以来未之有的"集大成"的"圣人"。在人格理想上，孟子承袭孔子之精神而予以弘扬发挥。孟子认为，人与禽兽的差别是很微小的，只不过是由于人有"不忍人之心"，有仁、义、礼、智四端，人应培育修养自己的善性。在孟子看来，社会的治乱全在于人心，特别是"君心"，因而治天下应从"格君心之非"开始，"人心皆有不忍人之心。先王有不忍人之心，斯有不忍人之政矣。以不忍人之心，行不忍人之政，治天下可运之掌上"。孟子还特别注意把人的善性与宇宙的本体联系起来，为人性确立了形而上的根据，将人性修养化为"天人关系"的一个有机组成部分。他指出："可欲之为善，有诸己之谓信，充实之谓美，充实而有光辉之谓大，大而化之之谓圣，圣而不可知之之谓神。"只要扩充自己的善、信、美，就可以到达"大"的境界，这也就是"圣"的境界，"神"的境界。孟子还说："尽其心者，知其性也；知其性，则知天矣。"人性与天相通，只要不断修身养性，把自己内在的仁、义、礼、智、信、善、美发掘出来，扩充开来，推向极致，也就把握了宇宙的本体，可以与天地参了。

孟子认为"圣人"体现天道的思想，在《易传》中得到淋漓尽致的发挥，最典型的论述是《文言》中的这段话："夫大人者，与天地合其德，与明台其明。与四时合其序，与鬼神合其吉节；先天而天弗违，后天而奉天时。天且弗违，而况于人乎？况于鬼神乎？"综观《易传》的思想，特别重视"生"，乾道资生，坤道广生，生生之谓易。所谓"生生"，据朱熹解释，"阴生阳，阳乍阴，其变无穷"，"生"就是"变化"。《系辞下传》说："天地之德德曰生，圣人之人宝曰位。何以守位？曰仁。"天地之德是"生"，是变化，圣人之宝是"位"，"位"就是"天地之位"，也就是说圣人以生生之德定位，而守位之根本便在于"仁"，"仁"就是天地生生之德的实践表现，"大人"亦即"圣人"做到了这一点，所以才能与天地同其广大，同其博厚，同其悠久，知周万物，与时推移，穷神知化。

荀子主张性恶，与持性善论的孟子看似相对，其实二人的思想颇可相通。荀子认为："天地者，生之始也；礼义者，治之始也；君子者，礼义之始也；为之、贯之、积重之、致好之者，君子之始也。故天地生君子，君子理天地。"又说："天能生物，不能辨物也；地能载人，不能治人也；宇中万物生人之属，待圣人然后分也。"与孟子一样，荀子也把人格完善与宇宙法则联系起来，认为通过圣人制定礼法制度，宇中万物生人之属才建立起井然的秩序，天地才得到"理"，这样，圣人自然德侔天地，功赞造化，在某种意义上说，其功甚至比天还大。与孔、孟不同的是，孔、孟认为人性本善，他们理想中的圣人只不过是把天内植于人心中的善扩充到了极致，自然发露，收治国平天下之效，故"内圣"与"外王"是统一的；而荀子主张性本恶，圣人之本性亦恶，他们通过坚忍不拔的道德修养，去伪化诚，平治天下，故"内圣"与"外王"是分裂的。不过，对荀子理论中的这一分裂不能过分强调，荀子虽重外在事功，但由于很强调"诚"，认为没有"诚"无法治天下，而当与生俱来的"恶"被"诚"涤荡几近干净时，内外也就实现了统一，这也就是荀子所说："君子养心莫善诚，致诚则无他事矣……天地为大矣，不诚则不能化万物；圣人为知矣，不诚则不能化万民；父子为亲矣，不诚则疏；君上为尊矣，不诚则卑。夫诚者，君子之所守也，而政事之本也。"

道家理想人格的最高境界也是"圣人"，这在名称上与儒家一样，但道家的

"圣人"和儒家的"圣人"的精神风貌大不一样。老子以"道"为宇宙本体,而"道法自然",圣人之道与"道"贯通,故所谓"圣人",也就是彻底达到了自然境界的人。老子说:"孔德之容,惟道是从。"孔德就是大德,大德的生活遵循"道",与道为一。在老子看来,"道"最根本的性质,就是"无为",圣人既然与道为一,当然也要无为,"圣人处无为之事,行不言之教,万物作焉而不为始,生而不有,为而不恃,功成而弗居"。怎样才能达到无为状态呢?最关键的是屏除人为矫饰,贯彻一个"损"字:"为学日益,为道日损。损之又损,以至于无为。无为而无不为。"无为到了极致,也就是"无身","吾所以有大患者,以吾有身,及吾无身,吾有何患"?身体是忧患的根源,所以圣人绝不能自贵其身,而要不有其身、自外其身:"天长地久,天地所以能长且久者,以其不自生,故能长生。是以圣人后其身而身先,外其身而身存。"无为是一以贯之的原则,不但用此治身,治国亦然,"是以圣人之治,虚其心,实其腹,弱其志,强其骨,常使民无知无欲,使夫智者不敢为也。为无为,则无不治"。

《老子》虽讲"无为",实际上念念不忘治世,至庄子,在老子的无为思想和圣人模式的基础上,深思细研,建构起一个极有魅力的思想体系,使道家的理想人格模式浑然大成。庄子指出:"不离于宗,谓之天人;不离于精,谓之神人;不离于真,谓之至人;以天为宗,以德为本,以道为门,兆于变化,谓之圣人。"也就是说,天人是保持着本性的人,神人是纯粹不杂的人,至人是不假于外而始终保持内质真诚的人,而圣人则以天为根本,以道为门户,能根据具体情况发生相应变化的人。在庄子那里,"至人"、"神人"、"天人"以及"真人"都是圣人,他们是纯任自然而无为的。"至人之用心若镜,不将不迎,应而不藏,故能胜物而不伤";"至人无己,神人无功,圣人无名";"若夫不刻意而高,无仁义而修,无功名而治,无江海而闲,不导引而寿,无不忘也,无不有也,澹然无极而众美从之,此天地之道,圣人之德也"。可见庄子设定的人生最高境界是由无为而逍遥,达到"天地与我并生,万物与我为一"的状态。达到这种境界的途径是去知识、黜思虑以求"虚":"无为名尸,无为谋府,无为事任,无为知主。体尽无穷,而游无朕。尽其所受乎天而无见得,亦虚而已。"不要做名声的承担者,不要做计谋的贮存者,不要做工作的承担者,不要做智慧的主宰者,与无穷的事物完全浑然一体,而游于无迹,终生而不见有所得,这就是"虚"。"虚"又称

"心斋"、"坐忘"，实际上就是忘乎一切。为了说明这种境界，庄子拉来儒家的孔子和颜回，杜撰了一则故事："颜回曰：'回益矣'。仲尼曰：'何谓也？'曰：'回忘仁义矣。'曰：'可矣，犹未也。'它日复见，曰：'回益矣。'曰：'何谓也？'曰：'回忘礼乐矣。'曰：'可矣，犹未也。'它日复见，曰：'回益矣。'曰：'何谓也？'曰：'回坐忘矣。'仲尼蹴然曰：'何谓坐忘？'颜回曰：'坠肢体，黜聪明，离形去知，同于大通，此谓坐忘。'"忘却一切就是大彻大悟，与道合一，从而可入于不死不生的境界。

综上所述，儒家与道家都把自己的理想人格称为"圣人"，就其共同点来说，两家都非常强调个体的人格修炼，实际上也就是修养心性，孟子讲"吾善养吾浩然之气"，庄子标榜"心斋"、"坐忘"，就方法论而言也有相似之处，都可归于"内圣"功夫，而且两家都将人格完善与"天人之际"的宇宙观融为一体。但在"外王"方面，两家又大不相同，儒家本着"知其不可而为之"的态度。把修养心性视为治国平天下的基础，由修身养性到治国平天下是一个连续的过程；道家却采取一种"知其不可而不为"的态度，"绝圣弃知"，对礼制法度痛加诋斥，主张无为而治。先秦以后，儒家和道家作为两个互补的体系，共同形成中国传统文化精神的主体，但若论其地位，则大多数时候是以儒为主。后世儒家在发掘本身之"内圣"传统的同时，又大力吸收道家和佛教理论，使"内圣"的蕴含越来越丰富，并在重个体修养的"内圣"与重事功的"外王"之间建立起一种巧妙的平衡关系，规范了历代士大夫的行为模式和精神品格。"占之人，得志，泽加于民；不得志，修身见于世。穷则独善其身，达则兼济天下"。孟子描述的"占之人"作为内圣外王的典型，后来渐被历代士大夫奉为楷模。

应天地：领悟宇宙运道 🌥

从古至今，生活在现实社会中的人们，常常会程度不同地感到物质文明的飞速发展，人们皆争相为生存忙碌不已，但却对作为一个人的存在性的感知越来越淡漠了。每个人都在自觉或不自觉地追求一种自我个性扩张性的精神性格，越来越关注着外在的既成事实，而对于外在的事实对于每个人所具有的意义与价值却不作深思。这实际上是人们在对待客观事物与主观实体之间关系上，造成的某种错觉，及其导致的感知上的误区。

冯友兰先生在《新原人·境界》中曾把人所可能具有的境界分为四种：自然境界、功利境界、道德境界、天地境界。他划分境界的标准是人的觉解程度，自然境界需要最少的觉解，所以是最低境界，而天地境界需要最多的觉解，所以是最高境界。对于天地境界，不同的人可能有不同的诠释，不同的领悟，但根本的一点，是人必须恢复本然，实现本性，与宇宙的韵律和谐如一。儒家和道家对中国文化精神的影响最巨，两家的思想有诸多歧异，但在根本的地方却是相通的，这就是都追求"天地境界"，让自我与整个宇宙合为一体。而且，两家都重视现世，重视生存，而不像西方的基督教或近代的陀斯妥也夫斯基、基尔凯戈尔，也不像佛教那样否定和厌恶人生，要求消灭情欲，希望以痛苦地折磨现世身心来换取灵魂的解救与精神的超越。中国哲人所向往的天地境界、宇宙韵律是现实的而又超越的，充满和谐之美，生机之乐，自然之趣。

人的肉体不过七尺之躯，在浩渺的宇宙中极其渺小；但人可以思虑，"寂然凝虑，思接千载，悄焉动容，视通万里"，人的思虑充开来，可以涵笼宇宙。因此，人不应只成为动物意义上的人，而应自觉地成为"天地之心"，成为人之为人意义上的人。人类可以为生活而忙碌，为事业而奔波，但不应止于此，而应在事业、生活中体悟一种形而上的东西。我们应当实践自己的人性，但也应扩充之为一宇宙的自我，体味宇宙的和精神的存在之悦乐。"当心弦与天地万物协调的时候，宇宙的歌声时时刻刻都能唤起它的共振。正因为这歌声发自内心……当我们心里充满青春的歌声的时候，我们也知道宇宙这架钢琴把它各种音调的琴弦伸向四面八方。近在咫尺的事物能像别的东西那样为我们伴奏，没有必要往远处去寻觅"。人类不要成为宇宙的异化物、天地的寄生者，而要通过自身的精神去感悟宇宙的韵道，找到安身立世的根据。

"世界发展的趋向显示，人类最大的敌人不在于饥荒、地震、病菌和癌症，而是在于人类本身；因为，就目前而言，我们仍然没有任何适当的方法，来防止远比自然灾害更危险的人类心灵疾病的蔓延。"心理分析大师荣格在半个世纪前写下的这些话绝不是危言耸听，在今天也没有失去其价值。实际上，在探求治疗人类心灵疾病的过程中，东方的智慧正在且必将能发挥重要的作用，在对天地境界、宇宙韵律的探求中，每个人都能在内心直达自我的本源，获得精神的宁静。在此，引录两段诗献给读者，它或许不是什么真理，但肯定可以被看作"启示录"：

> 这颗星球上的芸芸众生
> 已经跨入一个时代，
> 他们必须领悟今天人类存在的基石
> 就是清楚认识到自己是"人类"，
> 必须认识这是在浩瀚宇宙间衍生与死灭的
> 一个活生生的自觉的实体。
>
> 人类若要度过这个时代，
> 必须领悟自己的真我，
> 超越自我与他人畛域，
> 方知人人都生存于
> "自我觉悟的无限天地"，
> 圆满实现自我与他。

第二讲

宇宙之象与天人之观

　　《列子·天瑞篇》记载了一个著名的"杞人忧天"的故事：杞国有一个人，担心天地崩坠，身体无所依存，为此废寝忘食。还有一个人担忧杞人忧愁过度，便前去开导他，说："天不过是聚集在一起的气罢了，气无处不在。你呼吸着气，接触着气，天天在天中活动，还怕什么天崩坠呢？"杞人又问："天若真的是聚集在一起的气，日、月和星宿，不会掉下来吗？"开导者说："日、月和星宿，也不过是会发光的气，就是掉下来，也不会打伤人。"杞人又问："地如果崩坏了，怎么办？"开导者说："地是聚集起来的一整块形体，把四方都塞得满满的，无处不在，你散步行走，天天在地上活动，还怕什么地崩坏呢？"杞人心中释然，非常高兴，开导他的人也心中释然，非常高兴。一个叫长庐子的人听到此事，觉得很好笑，说："彩虹、云雾、风雨、四季，这就是聚集气而成的天；山岳、河海、金石、火木，这就是聚集形而成的地。知道天是聚集起来的气体，知道地是聚集起来的形体，怎么能说不会崩坏呢？天地是空间中的一个小物体，在有形的物体中却是最大的，需要经过很长时间才会完结，这是必然的。担忧天地崩坠想得确实过远；说天地不会崩坏的人，看法也不正确。天地不会永久长存，终归是要坏的。赶上天地崩坏的时候，怎么能不担忧呢？"列子听到这些人的议论，也觉得好笑，说："说天地会坏是荒谬的，说天地不会坏也是荒谬的。会坏还是不会坏，这不是我所能知道的。虽然如此，天地坏前是一种样子，坏后又是另一种样子。所以活着的时候不知死后的事情，生来不知死去，死去不知生来，坏还是不坏，我为什么放在心上呢?"

"杞人忧天"在后世被用来比喻不必要的或毫无根据的忧虑,其实这则故事揭示的是人类对未知世界越来越深刻的、永无止境的探求。正是由于存在着一代又一代的"杞人",人类的认识才没有仅仅局限于生理需求的范围之内,而是不断提出问题、解决问题,拓展着人类的思维空间和知识空间。到现今,人类已把自己的视角转投向上百亿光年之遥的宇宙空间领域(美国有天文学家宣称看到了离地球 170 亿光年远的光)。尽管随着天文学的发展,我们所在的地球在宇宙空间显得越来越渺小,但人类智力的发展却使人这个万物之灵越来越伟大。

中国先民在宇宙的探求中作出了自己的贡献。面对着昼夜更替、寒暑代谢,眺望着浩渺无垠的蓝天、一望无际的大地以及圆曲的蓝天与平直的大地的交汇处,他们思绪纷然,想象着天地的关系,宇宙的生成与构造。一些思想家又把人们的这些想法条理化、系统化,形成几种各有特色的"宇宙之象",这可以说是中国古人关于宇宙的自然性认识。然而,宇宙的结构问题并未构成中国古代"天文学"的核心内容,先民们更关心的是天的存在对人的存在的意义,形成了几种有代表性的"天人之观"。

宇宙之象:天地的结构

中国古代关于天地结构的学说体系,即天说体系:主要形成于周代至晋代。东汉末年蔡邕在《天文志》中说:"言天体者有三家:一曰周髀,二曰宣夜,三曰浑天。"周髀是指盖天说,因此说内容主要载于《周髀算经》,故名。除上述三说之外,还有人试图把盖天说和浑天说融合到一起,出现了浑盖合一说。

"天象盖笠,地法覆盘"

在几种天说体系中,最早出现的一种是盖天说。《晋书·天文志》记有"周髀家说",认为"天圆如张盖,地方如棋局",这是比较原始的盖天说。《周髀算经》记载周公与商高的对话,其中商高提到"方属地,圆属天,天圆地方",后世注家对这句话解释不一,颇有穿凿,其实它所表达的思想与《晋志》所引周髀家说是一致的。对于宇宙结构的这种认识，大概形成于西周初年，学术界称之为"第一次盖天说"，它认为天是一个罩子，形似一口扣着的大锅，天顶的高度是八万里；大地是静止不动的，呈正方形，每边长八十一万里；日、月、星辰则在天穹上随天运转。最初，人们认为天和地是相接的，后来逐步认识到其中存在着矛盾。《大戴礼·曾子·天员》记载，单居离问曾参说："天员（圆）而地方，诚有之乎？"曾子回答说："如诚天员（圆）而地方，则是四角之不掩也。参尝闻之夫子曰：天道日员（圆），地道日方。"可见，在曾子的时代，人们已认识到，半球形的天穹和方形的大地如果直接相连，是无法吻合的，那样大地的四角将露在天之外，为了解决这一矛盾，人们又想象天和地是分离的，天像一把大伞高高地悬在大地的上空，用绳子缚住它，周围还有八根柱子支撑着，宇宙的结构宛如一座顶部为圆拱的凉亭。对于这种观念，也有人提出质疑，屈原在《天问》中询问："翰维焉系？天极焉加？八柱何当，东南何亏？"意思是说："旋转的绳索系在哪里？天边又架在什么地方？八根柱支在什么地方？地的东南为什么塌陷下去？"大约到了西汉时期，盖天说有了新的发展，提出了"天象盖笠，地法覆盘"理论，认为天像一顶头戴的圆形斗笠，大地则像一个倒扣着的盘子，天地都是正拱形的，是两个相互维持相同间距的弧面，都是中间高四周低。北极之下，为天地之中，北极是天的最高点，天地之间距离八万里，天穹上的日、月、星辰交替出没，在大地上形成了昏夜（如图三）。

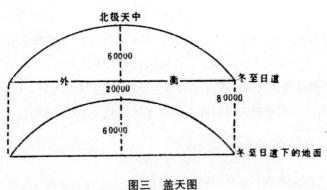

图三　盖天图

为了解释寒暑变化、昼夜更替等问题，盖天说的主张者还设计了七衡六间的平面图（如图四）。所谓"七衡六间"，就是在假想的天体上，以北极为圆心所画

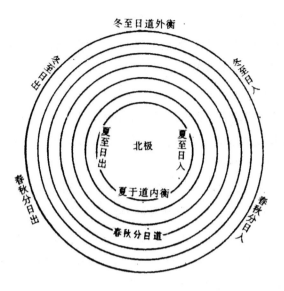

图四　七衡六间之图

的七个间隔基本相等、大小不同的同心圆。这七个圆圈叫"七衡"，七衡中的六个间隔带叫"六间"，的天体上，以北极为圆心所画的七个间隔基本相等、大小不同的同心圆。这七个圆圈叫"七衡"，七衡中的六个间隔带叫"六间"，其中最小的一圈叫第一衡，因为在最里面，又叫"内衡"，由此向外依次为第二衡、第三衡、第四衡（又叫中衡）、第五衡、第六衡，最外一圈是第七衡，也叫"外衡"。七衡实际上是太阳运行的轨道，太阳只在内衡和外衡之间运行，具体情况是：夏至那一天，太阳在内衡道上运行；从夏至日到大暑日，太阳在第一衡和第二衡的中间（即第一间）运行；大暑日，太阳在第二衡上运行；从大暑日到处暑日，太阳在第二衡和第三衡的中间（即第二间）运行；处暑日，太阳在第三衡上运行；从处暑日到秋分日，太阳在第三衡和第四衡的中间（即第三间）运行；秋分日，太阳在第四衡上运行；从秋分日到霜降日，太阳在第四衡和第五衡的中间（即第四间）运行；霜降日，太阳在第五衡上运行；从霜降日到小雪日，太阳在第五衡和第六衡的中间（即第五间）运行；小雪日，太阳在第六衡上运行；从小雪日到冬至日，太阳在第六衡和第七衡的中间（即第六间）运行；冬至日，太阳在外衡道上运行；从冬至日始，太阳又往内衡方向运行，于大寒、雨水、春分、谷雨、小满，分别经过第六、五、四、三、二各衡，在夏至那天，又回到内衡轨道上。

25

盖天说还认为，太阳光只能照亮直径为十六万七千里的地区，在这一地区以内，处于白昼，这一地区以外，则处于黑夜。七衡的直径分别是二十三万八千里、三十一万七千里、三十五万七千里、三十九万七千里、四十三万六千里、四十七万六千里。周都在北极之南十万三千里处，在内衡以内，因而即使太阳到了最北方，也还在周都的南方。由于气候是随着太阳运行的远近而变化的，到冬至时，太阳离周都最远，所以气候寒冷，而夏至时，太阳离周都最近，所以气候炎热，春分和秋分时，太阳离周都不远不近，所以气候不冷不热。每天之中，早晚太阳距离远，所以气温低，中午太阳距离近，所以气温较高。

盖天说以直观经验为基础，符合人们的日常认识，易于被人们接受。但是，它与宇宙的实际结构的差别相当大，存在着许多不可克服的矛盾。比如，盖天说认为，太阳绕着北极星旋转，既没有上升也没有下落，所谓日出和日落，只是相对于我们所处的位置远近而言，那么，正像有的学者质问的那样，既然太阳绕到北极以北我们就看不见了，恒星绕到北极以北为何还能看到呢？正是盖天说内含的诸多矛盾，驱使人们进一步探索天地结构，试图提出更科学的理论。

"浑天如鸡子"

继盖天说而起的是浑天说，这是人们在使用仪器测量天体位置的基础上产生出来的一种宇宙结构学说。东汉杨雄《法言·重黎》中记载："或问浑天，曰：落下闳营之，鲜于妄人度之，耿中丞象之。"这个记载是可靠的，落下闳活动于汉武帝时期，他制造了浑仪，提出了初步的浑天说思想，其后鲜于妄人用浑仪作了天体测量工作，耿寿昌则依据浑天说理论制造了模拟天球运行的仪器浑象。经过二百年左右的发展，完整的浑天说理论才在张衡手里最终完成，他的《浑天仪注》是阐述浑天说最明确、最系统的作品。

浑天说认为，"浑天如鸡子，天体圆如弹丸，地如鸡中黄，孤居于内，天大而地小。天表里有水。天之包地，犹壳之裹黄。天地各乘气而立，载水而浮"。可见，浑天说把宇宙结构想象为鸡蛋那样的形状，天球是圆形的，像是蛋壳，里面盛满了水，地球也是圆形的，浮在水面上，像是蛋黄。至于日、月、星辰，则都附着在天球内壁，随着天球围绕地球旋转。浑天说还给出了一些数值，将天的大圆分为三百六十五又四分之一度，其中一半（即一百八十二又八分之五度）在地的上面，另一半在地的下面（如图五）。

浑天旋轴的两端分别称为南极和北极。北极为天之中，在正北，高于地三十六度整。因此，在以北极为中心，直径为七十二度的圆周内，所有的恒星常年可见。围绕南极的同样大小的圆周内的恒星，则永远伏在地平线以下不可见。天的转动如同车轴的转动一样。赤道垂直于天极，黄道斜交着天的大圆，黄、赤道的交角为二十四度。夏至时，木阳走到黄道的最北点，冬至时，太阳走到了黄道的最南点。其论太阳的周日视运动如下：夏至日太阳从 A 的位置升起来，由 B 的位置落下去，所以昼长夜短；冬至日太阳从 C 的位置升起来，由 D 的位置落下去，所以昼短夜长；春分时太阳从 E 的位置升起来，由 F 的位置落下去，所以昼夜相同。

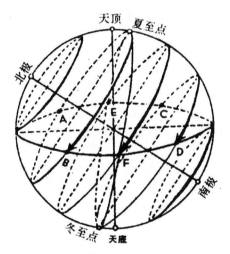

图五　浑天说之图

在对天地结构的认识方面，浑天说比盖天说前进了一大步，但也存在许多缺陷。如浑天说认为天内盛满水，日、月、星辰随着天球内壁而旋转，那么，日、月、星辰运行到地平线以下时，必然没入水中，这是令人难以置信的，王充就曾质问说："天何得从水中行乎？甚不然也。"为了解决这一矛盾，后来的浑天家不得不对理论加以修正，认为地球浮在气中。他们还由此出发，对气候变化作出解释，认为夏天气上升，地球上浮，离太阳近了，天气就热，冬天气薄，地球下降，离太阳远了，天气就冷。

"天了无质"

盖天说和浑天说都是有限宇宙的模型。但是，从先秦时代起，也还存在着关于宇宙无限的想法。战国时代的尸佼说过："四方上下日宇，往古来今日宙。"张衡虽是浑天说的集大成者，但也并不认为那个形如鸡蛋的天地结构就是宇宙的全部，而是主张"宇之表无极，宙之端无穷"。正是在这种宇宙无限的思想基础上，形成了"宣夜说"这样一种宇宙结构学说。"宣夜"的得名，说法不一，一般认为是因为观测星辰的运行，时常整夜不睡的缘故，可见宣夜说是天文学家们在观测日、月、星辰的实践中得出的一种理论。

蔡邕说过："宣夜之学，绝无师法。"由此可以知道，尽管宣夜说的某些思想萌芽早已出现，但一直未形成系统理论。到了东汉，这种情况才发生变化，出现了系统的宣夜说，并一度产生过广泛的影响，但昙花一现，很快失传。现在保存宣夜说的观点的唯一材料是《晋书·天文志》，其内容说："宣夜之书亡，惟汉秘书郎郗萌记先师相传云：天了无质，仰而瞻之，高远无极，眼瞀精绝，故苍苍然也。譬之旁望远道之黄山而皆青，俯察千仞之深谷而窈黑。夫青非真色，而黑非有体也。日月众星，自然浮生虚空之中，其行其止，皆须气焉。是以七曜或逝或往，或顺或逆，伏见无常，进退不同，由乎无所根系，故各异也。"也就是说，宇宙并没有什么固定的形状，天是无边无际的气体，日、月、星辰都在这个气体上浮动。为了说明这一论点，宣夜说以实际生活体验进行比喻，远看山岭苍青在目，近视却是黄色土山，俯看深谷，一片窈黑，并非谷中有黑色物体，只是过于幽深造成的视觉效果。以此类推，天色苍苍只是高远的无边无际而显示出来的颜色，并没有什么有形之天。

宣夜说突破了以往认为天是带硬壳的东西的认识，否定了固体"天球"的存在，从根本上打破了天的界限，向人类展示了一个无限的宇宙空间，在人类认识和天文学发展史上具有重大的划时代的意义。与盖天说、浑天说相较，宣夜说更接近现代天文学的认识。但是，宣夜说也存在着许多不足。比如，宣夜说注意到，北极星是不动的，北极附近的北斗也没有东升西落现象，只是绕着北极转动。木星和土星是自西向东运行的，日、月也同样是自西向东运行的，太阳每天行一度，月亮每天行十三度。对于这种现象，宣夜说无法做出合理的解释，它只是认为，日月星辰的行止都以气为依托，它们没有根系，自由地浮动于空中，没有规律可循。这样，宣夜说虽然提出了比盖天说、浑天说合理的无限空间理论，却不能像后两说那样探求日月星辰相对于地球的运行规律，在制定历法、预报日、月食等方面没有实际作用，其难以流传是必然的。

创世之说：天地的生成

人类有着无穷无尽的好奇心，对任何事情都要弄明白其来龙去脉，对宇宙的起源和演化问题自然也不能置之度外。屈原的《天问》就是人类对宇宙天体奥秘探索的激情的淋漓尽致的展现，而这篇瑰丽文献的开端，追问的正是天地的起源演化问题："遂古之初，谁传道之？上下未形，何由考之？冥昭瞢暗，谁能极之？冯翼惟象，何以识之？明明暗暗，惟时何为？阴阳三合，何本何化？"郭沫若先生将其今译如下："关于远古开头，谁个能够传授？那时天地未分，能根据什么来考究？那时混混沌沌，谁个能够弄清？有什么在回旋浮动，如何可以分明？无底的黑暗生出光明，这样为的何故？阴阳二气，渗合而生，它们的来历又在何处？"唐代的柳宗元写成《天对》，一一回答了屈原提出的问题；明代的王廷相深感《天对》之不足，又写成《答天问》。不论是柳宗元，还是王廷相，都只能根据当时的知识水平谈论天地的起源和演化问题，因而有许多荒谬的说法，但这并不可笑。直到科学技术高度发达的今天，我们对宇宙的起源和演变还知之甚少，存在着无数不解之谜，何况古人！因此，古人的见解不一定正确，但一代又一代人的努力不懈的执著精神却是可钦可敬的。大体说来，古人关于天地起源的说法可以区分为几大类，一是神创天地说，二是无中生有说，三是物化说，四是理气说，五是独化说。

神创天地说

世界各民族都有过巫教信仰的阶段，创造了许多神话传说，而且差不多都有各自的创世纪神话。中国先民由于特殊的文化气质，没有留下系统的长篇大作，但这并不意味着中国古代没有创作出创世神话。《淮南子·精神训》记载："古未有天地之时，惟象无形，幽幽冥冥，茫茫昧昧，幕幕闵闵，鸿漾濒洞，莫知其门，有二神混生，经地营天。"也就是说，天地之前，没有任何形体，只是混沌茫昧的一片，后来生出两个神，他们开辟了天地。不过，这则神话流传不广。在我国家喻户晓、影响最大的创世神话，是盘古开天辟地。《艺文类聚》卷一引《三五历纪》说："天地浑沌如鸡子，盘古生其中。万八千岁，天地开辟，阳清为天，阴浊为地，盘古在其中，一日九变，神于天，圣于地。天日高一丈，地日厚一丈，盘古日长一丈，如此万八千岁，天数极高，地数极深，盘古极长。后乃有三皇。数起于一，立于三，成于五，盛于七，处于九，故天去地九万里。"这则创世神话与浑天说颇为相似，不过这里状如鸡子的东西不是天地的结构，而是天地未形成前的浑沌状态，正像鸡蛋的孵化一样，盘古生于浑沌之中，经过漫长的岁月，天地开辟，天越来越高，地越来越厚。这种认为宇宙是从浑沌状态中首先出现一个有限体积的卵状物（球形），然后再逐渐膨胀起来的看法，与现代天文学关于宇宙演变的大爆炸理论倒也有相合之处。

盘古不仅是天地的开辟者，也是万物最初的创造者或者或化成者。清马骕《绎史》引《五运历年纪》说："首生盘古，垂死化身。气成风云，声为雷霆，左眼为日，右眼为月，四肢五体为四极五岳，血液为江河，筋脉为地理，肌肉为田土，发髭为星辰，皮毛为草木，齿骨为金玉，精髓为珠石，汗流为雨泽。"明董斯张《广博物志》卷九引《五运历年纪》云："盘古之君，龙首蛇身，嘘为风雨，吹为雷电，开目为昼，闭目为夜。死后骨节为山林，体为江海，血为淮渎，毛发为草木。"

无中生有说

无中生有说最早的一个是老子的道论。《老子》曰，"无名，天地之始；有名，万物之母"；"天下万物生于有，有生于无"；"道生一，一生二，二生三，三生万物"。把这些话联系起来考虑，可以看出，老子认为宇宙的进化是从"无"开始的，"无"又称作"道"。所谓"道"，据老子解释，"有物混成，先天地生，寂兮寥兮，独立而不改，周行而不殆，可以为天下母，吾不知其名；字之曰道，强为之名曰大"。"大"当读作"太"，太者至极无以加乎其上之称。无或道或太是先天地而生的，乃是天下之母，它独立不改，一切物皆相对待而它则无物与对，万物皆有迁变而它则无有改易。由无或道或太中产生万物，也有一定次序。首先产生的是一，这是浑然未分的统一体，一生二，二就是天和地，二生三，三是指阴、阳和盅气，由此化成万物。一二三都是有，一尚未生则为无，有先于物，而无先于有。老子的这一思想也为庄子所继承，《庄子·大宗师》说："夫道，有情有信，无为无形；可传而不可受，可得而不可见；自本自根，未有天地，自古以固存；神鬼神帝，生天生地；在太极之先而不为高，在六极之下而不为深，先天地生而不为久，长于上古而不为老。"很显然，在庄子看来，道尽管是有情有信的，却是无为无形的，非物质的。

《周易·系辞传》阐述了另一个无中生有的重要学说，其核心概念是太极和阴阳。该书说："易有太极，是生两仪，两仪生四象，四象生八卦。""易"就是宇宙变化的历程，这个历程有其开始，这就是至极无以复加的太极，由太极而生两仪，两仪就是阴阳，由两仪而生四象，四象就是四时，由四象而生八卦，八卦就是乾、坤、震、巽、坎、离、艮、兑，它们表示天、地、雷、风、水、火、山、泽，这八项是万物之基础。除太极之外，周秦哲学中还有一个与之相近的概念，这就是"太一"。《礼记·礼运》说："夫礼必本于太一，分而为天地，转而为阴阳，变一而为四时。"《吕氏春秋·大乐》也说："太一生两仪，两仪生阴阳。"可见太一存于天地之前，与太极相同，太极或太一都是无。王弼在给《周易·系辞传》作注时说得很清楚："夫有必始于无，故太极生两仪也。太极者，无称之称。"

宋代理学家周敦颐继承了《易传》的思想，又从道教那里承袭了太极图。他撰写了一篇《太极图·易说》，用易传的原理阐释太极图的意蕴，虽仅二百五十余字，却内容丰富，包括了周敦颐的宇宙生成论、万物化生论、人性论。其论宇宙生成云："自无极而为太极。太极动而生阳，动极而静；静而生阴，静极复动。一动一静，互为其根。分阴分阳，两仪立焉。阳变阴合，而生水、火、木、金、土。五气顺布，四时行焉。五行，一阴阳也；阴阳，一太极也；太极，本无极也。"无极是无，太极是有，所谓自无极而为太极，也就是从无而为有，有生于无。太极能动能静，动之极归于静，静之极复归于动，动而生阳，静而生阴，于是形成两仪，也就是天地。再从阳变阴合，产生水、而生阴，于是形成两仪，也就是天地。再从阳变阴合，产生水、火、木、金、土五行。五行之气流布，推动

中国古代智道丛书
天地智道

积阳为天　积阴为地

着春、夏、秋、冬四季的运行。五行等于阴阳，阴阳等于太极，而太极则本源于无极，可见无极是最原始的，根本的，而太极、阴阳、天地、五行等等，则都是后起的，派生的。在阐述万物化生论时，周敦颐指出："五行之生也，各一其性。无极之真，二五之精，妙合而凝，乾道成男，坤道成女。二气交感，化成万物，万物生生而变化无穷焉。"也就是说，水、火、木、金、土五行，各有自己的素质或特性，"无极之真"仿佛是动力，促使阴阳二气与五行之"精"发生了巧妙的凝合，于是形成天地间的男女、牝牡、雌雄。由于阴阳二气的"交感"，便化生了天地间的万物（如图六）。

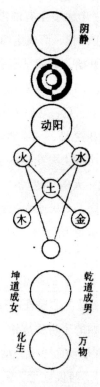

图六　太极图

《淮南子》中也记述了一些关于宇宙生成的言论。《原道训》说："有生于无，实出于虚。"天地万物是从虚无中产生的。《天文训》中则说，宇宙的最初阶段为"太始"，由"太始"生出"虚廓"，由"虚廓"生出"宇宙"，由"宇宙"产生"气"，"气有涯垠，清阳者薄靡而为天，重浊者凝滞而为地，清妙之合专易，重浊之凝竭难，故天先成而地后定。天地之袭精为阴阳，阴阳之专精为四时，四时之散精为万物。"可见，由宇宙生成的气本是混沌一团，后来发生了分化，清轻的气升腾为天，重浊的气凝聚成地，由于清轻的气比重浊的气凝聚起来容易，所以先形成了天，后又形成了地。天地之气产生了阴阳，阴阳产生了四时，四时变化又产生了万物。

物化说

所谓物化说，是指宇宙天地万物是由本初的物质演化出来的。惠施说过："至小无内，谓之小一。"这里的"小一"是类似西方哲学中"原子"的概念，万物皆成于小一，小一尽管无限小，但并不是无。可惜限于文献，我们对惠施的学说不知其详。在古代哲人中，最流行的物化说乃是把气作为一切事物的本原。对气的解释尽管各家各派不一，但大体上可以理解为极其细微的流动物质。庄子就认为万物都是由一气变化而成，人也是如此，"人之生也，气之聚也，聚则为生，散而为死……故曰：通天下一气耳"。不过，庄子并不是物化论者，他不把气看作终极本原，而是认为气由无而来："而本无形。非从无形也，而本无气。杂乎芒芴之间变而有气，气变而有形。"

《易乾凿度》把气理解为由无而有未成形质的状态，并认为气的生成演化经过了几个阶段："夫有形生于无形，乾坤安从生？故曰：有太易，有太初，有太始，有太素也。太易者，未见气也。太初者，气之始也。太始者，形之始也。太素者，质之始也。气形质具而未离，故曰浑沦。"王符同意万物是由元气构成的混沌状态演变而来的，但把《易乾凿度》所构想的混沌状态以前的阶段去掉。他认为，"上古之世，太素之时，元气窈冥，未有形兆，万精合并，混而为一，莫制莫御，若斯久之，翻然自化，清浊分别，变为阴阳。阴阳有体，实生两仪。天地壹郁，万物化淳。和气生人，以理统之"。根据他的观点，元气是自始存在的，混沌的元气中包含各种精华，经过漫长的时间，元气氤氲变化，逐渐分化成清浊二气，清气变为阳，浊气变为阴，凝聚成体，是为天地，天地相互作用，产生出万物，而人类则是从阴阳平和的气中产生的。后汉的何休也明确指出，万物的本原是气："元者，气也。无形以起，有形以分，造起天地，天地之始也。"与何休同时的郑玄是著名的经学大师，在解释"太极"一词时，他说："极中之道，淳和未分之气也。"这样，他把本来是"无"的太极改造为"气"，也就把无中生有的宇宙生成说改造成物化说。

北宋理学家张载是气化说的集大成者。他认为，"太虚无形，气之本体，其聚其散，变化之客形尔"，"气本之虚，则湛一无形，感而生，则聚而有象"。所谓"太虚"，是整个的虚空状态，充满了气，万物的生灭其实就是气的聚散变化，"气聚则离明得施而有形，气不聚则离明不得施而无形"，"显其聚也，隐其散也"，张载以冰融于水比喻气在太虚中的聚散，气凝聚成万物，就像水结成各种形状的冰，万物散而复为气，就像冰融化而复为水，并不是归于无。张载还认为，太虚就是天，因此无所谓起源问题，是永恒存在的气。

明末的思想家刘宗周也认为"盈天地间，一气而已矣"，气是万物的根源，"有气斯有数，有数斯有象，有象斯有名，有名斯有物，有物斯有性，有性斯有道"。他还汇通以前渚家学说，把气、太虚、太极以及有无等同起来，指出："或曰虚生气，夫虚即气也，何生之有？吾溯之未始有气之先，亦无往而非气也。当其屈也，自无而之有，有而未始有；及其伸也，自有而之无，无而未始无也。非有非无之间，而即有即无，是谓太虚，是谓太极。"

理气说

先秦道家把"道"视为宇宙的本原，但又讲"通天下一气"，实际上已隐含着道气二元论的倾向。东汉王符认为万物都是由元气构成的混沌状态演化而来的，以元气为本原，但又有"道者气之根也，气者道之使也，必有其根，其气乃生，必有其使，变化乃成"，实际上也有道气二元之主张。《易传》以太极为宇宙之本原，但也很强调气的作用，太极必生出"两仪"，也就是阴阳二气，才能化生万物。到宋明理学家那里，对理和气的关系阐发得更加细致，尤以理学的集大成者朱熹为最。

朱熹认为，地、天、日、月、星辰都是由于阴阳二气的摩擦运动产生的，"天地初间，只是阴阳之气，这一个气运行，磨来磨去，磨得急了，便拶许多查（渣）滓，里面无处出，便结成个地在中央。气之清者，便为天，为日月，为星辰，只在外常周环运转，地便只在中央不动，不是在下"。不仅天地，就是人与万物也是气化而成的，"天地之初，如何讨个人种。自是气蒸结成两个人，后方生许多万物。所以先说乾道成男，坤道成女，后方说化成万物。当初若无那两个人，如今如何有许多人。那两个人，便如而今人身上虱，是自然变化出来"。

从上面这些论述看来，朱熹似乎以为气是宇宙万物的本原，一切都是由气演变而成的，其实不然，朱熹认为气是形而下之器，还有一个形而上之道在，这就是理。"天地之间，有理有气。理也者，形而上之道也，生物之本也；气也者，形而下之器也，生物之具也"。理与气之间的关系是怎样呢？朱熹认为，理与气是一对结合体，"但有此气，则理便在其中"，"无是气，则是理亦无挂搭处"。理与气虽然在事实上密不可分，但又绝对不能把二者混同，"所谓理与气，此决是二物。但在物上看，则二物浑伦，不可分开，各在一处，然不害二物之各为一物也；若在理上看，则虽未有物，而已有物之理，然亦但有其理而已，未尝实有是物也"。因此，朱熹一方面主张事实上理气相依，反对在理气之间区分先后，"理与气本无先后之可言"。另一方面又坚持从本体论上看，理在气先，"以本体言之，则有是理，然后有是气"，"推上去时，却如理在先，气在后相似"。这是朱熹学说的内在矛盾处，也是所有主张理气说的人面临的共同难题。

独化说

上述各种学说，都认为天地万物有一个本原，只是对这个本原的称谓、界定和解说不同。但在中国历史上，还有一种认为天地万物实皆自生自化而无所谓本原的学说，虽然影响不大，今天看来却很有价值。最集中表达这种观念的是晋代郭象的《庄子注》。《晋书》谓郭象之注取之于向秀，故可把这种思想归于郭象和向秀二人。

郭、向认为，宇宙并不存在一个空无一物的阶段，它无所谓开始，永远只是有，因而，在给《知北游》"无古无今无始无终"一句作注时，他们指出："非唯无不得化而为有也，有亦不得化而为无矣。足以有之为物，虽千变万化，而不得一为无也。不得一为无，故自古无未有之时而常存也。"天地并没有什么创造者，更不是由"无"中产生的，"无也，岂能生神哉？不神鬼帝而鬼帝自神，斯乃不神之神也；不生天地而天地自生，斯乃不生之生也"。他们追问说，如果有造物者，造物者是无，还是有呢？如果是无，则无怎能产生有；如果是有，则有本身即是物，又如何能称为造物者。所以，并不存在先于物的东西，更无所谓造物

中国古代智道丛书
天地智道

积阳为天 积阴为地

者，物各自造而无所待，物皆自然非有使然。下面几段活对此有充分的论述：
"或谓罔两待影，影待形，形待造物者。请问夫造物者有耶？无耶？无也，则胡能造物哉？有也，则不足以物众形。故明众形之自物，而后始可与言造物耳。是以涉有物之域，虽复罔两，未有不独化于玄冥者也。故造物者无主，而物各自造。物各自造，而无待焉，此天地之正也"；"谁得先物者乎哉？吾以阴阳为先物，而阴阳者即所谓物耳。谁又先阴阳者乎？吾以自然为先之，而自然即物之自尔耳。吾以至道为先之矣，而至道者乃奄无也。即以无矣，又奚为先？然则先物者谁乎哉？而犹有物无已？明物之自然，非有使然也"；"无既无矣，则不能生有。有之未生，又不能为生。然则生生者谁哉？块然自生耳……物各自生而无所出焉，此天道也"。

天人之观：天与人的关系

天与人这对范畴最迟在西周初年已提出来，是中国历代思想家思考最多、最深入的一对范畴之一。在中国文化中，天人关系问题占有突出地位，不仅在思想家中引起过热烈的讨论，也为平民大众所关心，影响遍及各个领域。下面就简单地介绍古人在天人关系方面的几种看法。

天命决定论与非命论

尽管《尚书·西伯戡黎》记载殷纣王说过"我生不有命在天"，祖伊说过"天既讫我殷命"，但这反映的实际上是西周以来的观念。"天命"一词，正是从西周开始频繁使用的。不过，这时的"天命"主要是指至上神的命令以及至上神对统治者的眷佑，而非指不可抗拒的命运。《诗·大雅·文王》说，"天命靡常"，天命是有可能变化转移的，而是否转移取决于统治者的品德和国家的治乱状况。"皇天无亲，唯德是辅"，所谓"德"，就是所作所为要合乎民心，顺乎民意，"天视自我民视，天听自我民听"，天的意志与民的意志是一致的。

在先秦诸子中，作为显学的儒家和墨家都继承了西周以来的天道观，并有所发展，其中墨家的论述比较系统。墨子认为天是有意志的，能够赏善罚恶，"天子为善，天能赏之，天子为暴，天能罚之"。除了天之外，还有许多鬼神存在，也行使奖惩职权，"鬼神之所赏，无小必赏之，鬼神之所罚，无大必罚之"。在承认有意志的天的基础上，墨子得出了人力可以改变天命的认识，他从历史和现实的角度分析说："昔之桀之所乱，汤治之；纣之所乱，武王治之。当此之时，世不渝，而民不易；七变政，而民改俗。存乎桀、纣而天下乱，有乎汤、武则天下治。天下之治也，汤、武之力也；天下之乱也，桀、纣之罪也。若以此观之，夫安危治乱，存乎上之为政也，则天岂可谓有命哉？故昔者禹、汤、文、武方为政乎天下之时，日必使饥者得食，寒者得衣，劳者得息，乱者得治，遂得光誉令闻于天下，夫岂可以为命哉？故以为其力也。今贤良之人，尊贤而好道术，故上得其王公大人之赏，下得其万民之誉，遂得光誉令闻于天下，亦岂以为其命哉？又以为其力也。"在他看来，夏桀的时候天下大乱，到商汤的时候，人民还是那些人民，但天下大治，这并不是天命决定的，而纯粹是人的贤与不肖所致；当时的贤良之人得到奖赏和赞誉，也不是命运决定他们要得到这些，而是个人努力的结果。

不仅如此，墨子还进一步推论说，倘若宣扬命定论，相信国之安危治乱和人之贤与不肖都是前定的，与个人的品行和努力无关，则国将不国，人将不人，为害极大："执有命者之言曰：命富则富，命贫则贫；命众则众，命寡则寡；命治则治，命乱则乱；命寿则寿，命夭则夭……以此为君则不义，为臣则不忠，为父则不慈，为子则不孝，为兄则不良，为弟则不弟。而强执此者，此特凶言之自生，而暴人之道也。然则何以知命之为暴人之道？昔上世之穷民，贪于饮食，惰于从事，是以衣食之财不足，而饥寒冻馁之忧者；不知曰我罢不肖，从事不疾，必曰我命固且贫。昔上世暴王，不忍其耳目之淫，心涂之辟，不顺其亲戚，遂以亡失国家，倾覆社稷，不知曰我罢不肖，为政不善，必曰吾命固失之。"可见如果信命，则人民怠于耕织，君主怠于治理，财用不足，天下必乱。

总括而言，墨子承认至上神和其他一些神鬼的存在，相信这些神灵是至公至明的，人不论做多么微小的善事或恶事，都逃脱不出神灵的监察，神灵将依据这些行为予以奖赏和惩罚。神灵是绝对公平的，不会发生失误，出现该赏不赏、该罚不罚，或者赏罚颠倒的事情。因此，国家的治乱兴衰和个人的穷通荣辱完全是个人的行为的结果，没有什么前定的、不可变移的命。墨子的这种说法面对错综复杂的社会现实，显得颇为苍白无力，在当时已引起人们的怀疑。《墨子·公孟》中记载了一个有趣的故事："子墨子有疾，跌鼻进而问曰：'先生以鬼神为明，能为祸福，为善者赏之，为不善者罚之。今先生圣人也，何故有疾？意者先生之言有不善乎？鬼神不明知乎？'子墨子曰：'虽使我有病，鬼神何遽不明？人之所得于病者多方：有得之寒暑，有得之劳苦。百门而闭一门焉，则盗何遽无从入？'"在这里，跌鼻抓住墨子生病这个时机，试图以子之矛，攻子之盾，用墨子的理论驳倒墨子。他提出的问题是：鬼神赏善罚恶，而墨子是圣人，不当受罚，现在鬼神却罚以病，可见或者是墨子的言行有不善之处，或者鬼神并不英明公正。面对这个二难性的问题，墨子不能承认自己言行不善，也不能承认鬼神不明，只能说寒暑劳苦等多方面的因素都可导致疾病发生，鬼神惩罚可使人生病，但不是所有疾病都是鬼神的惩罚。墨子虽回答了这一问题，但倘若跌鼻抓住社会上的许多消极性问题穷追不舍，墨子最终将无法应对，难以自圆其说，恐怕只能承认并没有赏善罚恶的神灵存在。

孔子也承袭了西周以来"命"的观念，但进行了较大的改造，命或天命在他那里主要的已不是指至上神的命令或奖罚的功能，而是指不可抗拒的命运。对于命的这种理解，是孔子经过长期的过程才体味到的，他说过："吾十有五而志于学，三十而立，四十而不惑，五十而知天命。"可见孔子到五十岁时，对命才有了深切的把握。孔子一生四处奔波，以救世安民为己任，但并没有收到什么实际效果，他所崇尚的"道"不能被统治者接受而付诸实施，对此孔子看得颇为淡然，认为这一切都是命决定的。当公伯寮向左右鲁国政局的季孙氏说孔子的学生子路的坏话的时候，孔子说："道之将行也与？命也。道之将废也与？命也。公伯寮其如命何！"他认为个人的作为改变不了命，如果命定道能推行，公伯寮阻止不了，如果命定道不能推行，公伯寮的行为不过是命的体现，因此他并不怨恨公伯寮。

相信命的存在并未使孔子成为墨子所推导出的那种懒惰的悲观主义者，相反，孔子非常强调个人的积极努力。孔子本人的一生正是他的学说的最好注脚，他生活在"礼崩乐坏"的大动乱时期，为了建立和谐有序的社会秩序，他坚持不懈地进行努力，虽然多次陷入危难之中，却丝毫不能动摇他的决心。对于自己的事业，孔子并未抱定必胜的信念，他知道自己的学说不合时宜，还是"知其不可而为之"，正像他的弟子所说，"君子之仕也，行其义也，道之不行，已知之矣"。《论语·颜渊》记载："司马牛忧曰：'人皆有兄弟，我独亡。'子夏曰：'商闻之矣：生死有命，富贵在天。君子敬而无失，与人恭而有礼，四海之内，皆兄弟也。君子何患乎无兄弟也？'"商为子夏之名，子夏虽未说闻之何人，但既加称引，肯定属于儒家思想。近世有的论者拈出"死生有命，富贵在天"之语以证明儒家之宿命论思想，其实通观整段话的意思，子夏所论颇合孔子之旨，他认为有无兄弟取决于命，不是自己所能选择的，但自己可以真诚地修行君子之道，这样四海之内的人们都会成为自己的兄弟，当然这是道义上的而非血缘上的。

孔子说："不知命，无以为君子也。"所谓"知命"，绝不是简单地承认有命存在即可，而是要全面地理解命。概而言之，孔子是承认命定论的，认为在命面前，人是无可奈何的，人的活动是否能取得外在的成功，并非个人的力量所能决定。但是，孔子反对消极地等待命的安排，认为"人能弘道，非道弘人"，为了推行仁道，就是付出生命的代价也应在所不惜："志士仁人，无求生以害仁，有杀身以成仁。"可见，孔子与墨子在"命"上的看法虽然不同，二者倡导的现实精神却极为一致，都强调人应积极努力。对墨子来说，天命是赏善罚恶的，故人应努力去做应做的事以获得天的奖赏；对孔子说来，天命是在人所能控制的范围以外，人应诚心诚意地做应做的事，而不计其成败。

孔子之后，进一步将儒家发扬光大的是孟子，他继承了孔子关于命的观念。孟子指出："莫之为而为者，天也；莫之致而至者，命也。"天命是人力所不能求致或改变的必然的东西，用历史事例来说明，舜之能继承尧之位，禹之能继承舜之位，益不能继承禹之位而由禹之子启继承，这都是天命的安排，不是人有意追求的结果。孟子在鲁国，鲁平公准备前来见他，被臧仓劝止，孟子对此事的看法与孔子相同，他说："吾之不遇鲁侯，天也。臧氏之子焉能使予不遇哉？"与孔子一样，孟子虽然相信天命的最终决定作用，但并不因此而消极。"夭寿不贰，修身以俟之，所以立命"，立命就是正确地理解命运，夭寿虽不是个人所能决定的，但人不能吃饱了等死，而应积极地修身养性。孟子还说过："莫非命也，顺受其正。是故知命者，不立于岩墙之下。尽其道而死者，正命也；桎梏死者，非正命也。"人的生死祸福都是由命决定的，但这其中又有正命和非正命之分。尽管人的死亡已由命决定，但其到来非人力所致，而是自然而然发生的，这就是正命；

相反，如果故意立在即将坍塌的危墙之下，死于非命，则就不是正命了。由此推行开去，凡是能冷静地对待命运，积极乐观，努力奋斗的人，才算是接受了天的正命；如果以命运为理由放荡懒惰，胡作非为，则属于非正命。

荀子代表着儒家的另一个重要流派。冯友兰先生称孟子是"儒家的理想主义派"，而称荀子为"儒家的现实主义派"。在天人关系方面，荀子与孔、孟的看法有很大差异，但在对命的看法上，却颇为相似。荀子说过："夫贤不肖也，材也；为不为也，人也；遇不遇者，时也；死生者，命也。"决定死生者为命，遇不遇亦为命，他曾给命下定义说："节遇之为命。"可见荀子的思想很合乎"尽人事而待天命"的态度，做不做在人，成不成在命。荀子也很强调积极努力，他提出："楚王后车千乘，非知也；君子啜菽饮水，非愚也：是节然也。若夫意志修，德行厚，知虑明，生于今而志乎古，则是其在我者也。故君子敬其在己者，而不慕其在天者，小人错其在己者，而慕其在天者。"楚王生活富足，君子生活贫苦，这并不是楚王比君子聪明睿智，而是节，也就是时机、遭遇、命运使然。但是否能学习知识，增长智慧，修养品德，这并不是上天决定的，全在于自己。小人往往把通过自己努力能做到的事抛在一边，而羡慕不取决于自己的努力与否、由命运决定的东西；而真正的君子，则对命运决定的东西看得很淡然，一心一意追求通过自己的努力能获致的东西。君子的这种态度，实际上就是"制天命"，荀子很看重这点，他曾大声疾呼说："从天而颂之，孰与制天命而用之？望时而待之，孰与应时而使之？"与孔子所说的"畏天命"、孟子所说的"顺受其正命"相比，荀子的命论更加积极，更加昂扬向上，但基本观点是一致的。

道家的创始人老子没有像儒、墨两家那样继承一个有意志的至上神"天"，而是提出"道"作为自己理论的根本观念。道无始无终，"独立而不改，周行而不殆"，是天地万物的本原，是一切事物的法则。老子说："人法地，地法天，天法道，道法自然。"人以地为根据，地以天为根据，天以道为根据，道以它本来的样子为根据。道是自足自在的，人力无法改变道，相反，人和万物的一切活动都按照道的规定性进行。人应放弃与道相抵触的行为，坚持无为，顺乎道之自然。老子的这些言论，实际上使"道"带有了"命"的色彩。

到庄子那里，对命有了系统明确的论述。庄子讲了这样一则寓言："子舆与子桑友。而霖雨十日。子舆曰：'子桑殆病矣！'裹饭而往食之。至子桑之门，则若歌若哭，鼓琴曰：'父邪母邪！天乎人乎！'有不任其声而趋举其诗焉。子舆入，曰：'子之歌诗，何故若是？'曰：'吾思夫使我至此极者而弗得也。父母岂欲吾贫哉！天无私覆，地无私载，天地岂私贫我哉？求其为之者而不得也。然而至此者，命也夫！"子桑亦歌亦哭，以致声嘶力竭，急促地吟唱诗句。他在思考一个十分重要的问题，这就是自己陷于极端的穷困潦倒窘境的原因。父母不会愿意让他穷困，天地也不会特定让他陷入窘境，既然这一切无法解释，他就只好归之于"命"了。庄子本人，对于命正是如此看待的。他说过："死生，命也；其有夜旦之常，天也。"死生是命决定的，正如昼夜交替是自然规律一样，是无可奈何的事，人力绝对无法加以改变。

可以说，对于命是人所能控制的范围以外的东西，庄子与儒家的看法并无太大分歧。但在面对无可奈何的命人应如何行动这一问题上，庄子的回答就与儒家大异其趣了。儒家虽然承认，命，但不废人事；庄子却不谈人事，主张消极地顺其自然。"知其不可奈何而安之若命，德之至也"，"知不可奈何而安之若命，唯有德者能之"。所谓安之若命，不过是将无可奈何的事假定为命，而又安然顺之，无所作为而已，而庄子认为这样的人才是达到最高的"德"的境界的人，甚至就是"圣人"，"知穷之有命，知通之有时，临大难而不惧，圣人之通也"。对于孔子"知其不可而为之"那样的态度，庄子是断然加以拒绝的，他认为"达命之情者，不务知之所无奈何"，"达大命者随"。这个"随"字很有意味，随者，顺随也，顺其自然而已矣。所以，有人说庄子倡导的是一种可以称为"游世主义"的态度，是有一定道理的。人能否摆脱命运的羁勒呢？儒家尽管倡导积极的人生态度，显然没有奢望摆脱命的限制，更没有想到要超越于命运之上；而主张消极的人生态度的庄子，在这一点上却充分发挥自己的想象力，认为人是有可能摆脱命运之牢笼的。在《逍遥游》中，庄子提到列子，说他能"御风而行"，在追求幸福的人中间，能达到这样的境界的人是很少的，但是，列子"虽免乎行，犹有所待者也"，既然列子还"有所待"，需要借风而行，他就还未达到绝对自由的境界。"若夫乘天地之正，而御六气之变，以游无穷者，彼且恶乎待哉？故曰：至人无己，神人无功，圣人无名"。可见，至人、神人、圣人已经无所待，获得了绝对的幸福，达到了完全的自由，当然也就摆脱了命运的限制。庄子想象，圣人、至人、神人已"人于不死不生"境地，无物能伤害他们，"大浸稽天而不溺，大旱金石流土山焦而不热"，他们"方且与造物者为人，而游乎天地之一气……茫然彷徨尘垢之外，逍遥乎无为之业"。所谓"与造物者为一"，也就是与造物者为偶，为友。可见，庄子所设想的超越于命运之上的人，实际上已与道为一，这当然只能是一种理想境界，或者只能是心灵的幻觉。

先秦以后，儒家和道家对于命的看法都不乏继承者，就是墨家的影响也不绝如缕，但很少有人作出进一步的诠释，更缺乏新的见解。值得一提的，是东汉王充在这个问题上的看法。在《论衡》一书中，王充批判了当时盛行的许多迷信，也坚决否认天帝鬼神的存在。奇怪的是，这样一位坚定的无神论者，却极为相信命，把命的作用推到极致。汉代儒家有"三命"说。所谓三命，一曰正命，指出生时所禀受的吉命；二曰随命，指人行善得善，行恶得恶；三曰遭命，指人行善得恶。王充不同意三命说，他质问道："言随命则无遭命，言遭命则无随命。儒家三命之说，竟何所定？"在王充看来，人的一切都是由命决定的。

"凡人遇偶及遭累害，皆由命也。有死生寿夭之命，亦有贵贱贫富之命。自王公逮庶人，圣贤及下愚，凡有首目之类，含血之属，莫不有命。命当贫贱，虽富贵之，犹涉祸患矣；命当富贵，虽贫贱之，犹逢福善矣。故命贵，以贱地自达；命贱，从富位自危。故夫富贵若有神助，贫贱若有鬼祸。命贵之人，俱学独达，并仕独迁；命富之人，俱求独得，并为独成。贫贱反此，难达难迁，难得难成，获过受罪，疾病亡遗，失其富贵，贫贱矣。是故才高行厚，未必保其富贵；智寡德薄，未可信其必贫贱。或时才高行厚，命恶，废而不进，知寡德薄，命善，兴而超逾。故夫临事知愚，操行清浊，性与才也；仕宦贵贱，治产贫富，命与时也。命则不可勉，时则不可力，知者归之于天，故坦荡恬忽。虽其贫贱，使富贵若凿沟伐薪，加勉力之趋，致强健之势，凿不休则沟深，斧不止则薪多，无命之人，皆得所愿，安得贫贱凶危之患哉？然则或时沟未通而遇湛，薪未多而遇虎。"这是王充在《论衡·命禄篇》中对命的可怕描述。意思是说，人不论身份地位如何，其死生寿夭、贵贱贫富都是由命决定的，甚至连动物也如此。命运是不可改变的，如果一个人命贱，你就是把他扶上高位，送给他许多钱，反而会使他遭受天灾人祸；如果一个人命贵，你就是极力压制他，把他放在贫贱的地位，他也会有富贵不请自来。王充不相信鬼神，可他认为命的作用确实像人们所说的鬼神降福或降灾，躲避不矛，逃脱不了。王充完全排除了人为努力的作用，在他看来，如果承认人的努力在一定程度上能改变命，实际上也就取消了命。他以挖沟和砍柴为例，如果人力能改变命，就像不停地挖沟就可以越来越深，不停地砍柴就可以越积越多，那么，命就不能使人遭受贫贱凶危了。他认为，人是不能和命斗的，禀命贫贱，无可奈何，倘勉强挖沟，沟未挖通或许会遭雨冲毁，勉强砍柴，柴未积多或许就会遭虎丧生。

不独个人如此，国家的治乱兴衰与君主的行为也无关系，纯粹是命决定的，"世谓古人君贤则道德施行，施行则功成治安；人君不肖则道德顿废，顿废则功败治乱。古今论者，莫谓不然。何则？尧、舜贤圣致太平，桀、纣无道致乱得诛。如实论之，命期自然，非德化也"。"故世治非贤圣之功，衰乱非无道之致。国当衰乱，贤圣不能盛；时当治，恶人不能乱。世之治乱，在时不在政；国之安危，在数不在教。贤不贤之君，明不明之政，无能损益"。国家的兴亡、社会的治乱，竟然与现实政治毫无关系，如果人们都接受这一观点，墨子认为相信命定论便会出现的君不义、臣不忠、父不慈、子不孝的局面恐怕真要出现于世了。

既然命如此重要，个人或国家的命是如何决定的呢？王充认为，"国命系于众星，列宿吉凶，国有祸福，众星推移，人有盛衰"，人的命也与星象有关，"众星在天，天有其象，得富贵象则富贵，得贫贱象则贫贱"，"天有百官，有众星。天施气而众星布精，天所施气，众星之精在其中矣。人禀气而生，含气而长，得贵而贵，得贱而贱。贵或秩有高下，富或资有多少，皆星位尊卑大小之所授也"。王充对命的决定的解释倒颇为唯物。天所施发的气中包含着众星之精，星有大小尊卑吉凶，气也因之不同。虽气在宇宙中周流不息，无涯无界，似乎是一气，内中却有区别，正像汪洋无际的大海，看似一水，其实各处的水并不完全相同。各个人的贵贱寿夭荣辱之不同，皆因所禀气之不同。王充指出，"凡人受命，在父母施气之时，已得吉凶矣"，可见个人的命运并不是神灵或其他什么东西的有意安排，而完全取决于父母交接之际，精子与卵子结合之时所受之气。因而个人一生倘若艰难困苦，处处不顺，既怪不着自己，也怪不着别人，纯粹是父母交接之时间地点不当所致；而这也不能责怪父母，因为气无味无色，看不见，摸不着，当然更无法分辨何处气吉，何处气凶，何时气清，何时气浊，只能任凭偶然的选择。

从王充这里，我们看到了最绝对化的命定论的表述。幸亏坚信他这种观点的

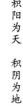

人并不多，否则真将人而不人、天下大乱了。王充之后，对命的看法与他最相近的，恐怕要算宋代著名理学家朱熹了。朱熹也认为人的生死寿夭贵贱贫富皆由气禀不同，他指出："禀得精英之气，便为圣为贤，便是得理之全，得理之正。禀得清明者，便英爽；禀得敦厚者，便温和；禀得清者，便贵；禀得丰厚者，便富；禀得长久者，便寿；禀得衰颓薄蚀者，便为愚不肖，为贫为贱为夭。天有那气，生一个人出来，便有许多物随他来。"依此推论，只有禀得至精至正、至清至厚之气者，才能事事完满，处处顺利，就是圣人也并不一定能禀得这样圆满无缺的气。当有人问朱熹孔子所禀之气是否有欠缺时，朱熹毫不犹豫地回答："便是禀得来有不足。他那清明，也只管得做圣贤，却管不得那富贵。禀得那高底则贵，禀得那厚底则富，禀得长底则寿，贫、贱、夭者反是。夫子虽得清明以为圣人，然禀得那低底薄底，所以贫贱。颜子又不如孔子，又禀得那短底，所以又夭。"

　　照朱熹的这种理论推论，应该自然而然地得出王充那样的结论，即认为个人的努力丝毫无助于改变命运。孔子是圣人，并不是他个人孜孜不倦地奋斗的结果，而是因为他禀承了清明之气；现在的人也不必希圣希贤，更不必修身养性，读孔孟之书。因为倘若禀得是清明之气，自然会成为圣人；如果禀得是衰颓之气，便注定了是愚不肖之人，努力也白搭。然而，这虽然是必然的推论结果，朱熹却断然不会接受，他一生的努力，正是为了"新民"，使大家都自觉地去格物、致知、诚意、正心、修身、齐家、治国、平天下。事实上，朱熹意识到了自己对命的解说会带来的不良后果，因而不主张过多过细地讨论这个问题。他告诫说："若是言命，恐人皆委之命，而人事废矣，所以罕言。"他坚持儒家的正统观点，承认命的存在和作用，但又反对依赖命，提倡道德践履。在《中庸章句序》中，他提出人心"生于形气之私"，道心"原于性命之正"，虽上智不能无人心，虽下愚不能无道心，"二者杂于方寸（即心）之间，而不知所以治之，则危者愈危、微者愈微，而天理之公卒无以胜夫人欲之私矣"；相反，如果知所以治之，"从事于斯，无少间断，必使道心常为一身之主，而人心每听命焉，则危者安、微者著，而动静云为自无过不及之差矣"。由此观之，再愚蠢的人也具有道心，只要肯努力修治，必将日新月异，不断进步，甚至可进于圣贤之境。明代心学家王阳明谓满街都是圣人，人人都可成为圣人，正是朱熹此说的合理推行。可见，朱熹的命论中，实在是存有极大的矛盾，推而广之，这也是孔孟以来儒家理论中的一个普遍矛盾，只不过朱熹运用王充那样的气禀说论命，使矛盾显得更加突出而已。不过，对于维系世道人心来说，这个矛盾恐怕是不得已的、有益的。

沿着朱熹人皆有道心和王阳明人皆可为圣人的理论推衍，出现"造命"说是必然的。首先提出造命的，是王阳明的弟子、泰州学派的代表人物王艮。他指出："舜于瞽瞍，命也；舜尽性而瞽瞍底豫，是故君子不谓命也。孔子不遇，命也；而明道以淑斯人，不谓命也。若天民则听命矣，大人造命。"王艮是承认有命的，像舜这样的圣人偏偏有瞽瞍这样一个不通情理的父亲，孔子这样的圣人偏偏碰不上施展自己的政治抱负的机会，这是命决定的。可见，王艮也是把无可奈何之事归之于命。但是，王艮不主张消极地听凭命运摆布，也不认为人的努力无法改变命运，在他看来，在很大程度上，人是能够创造自己的命运的，如孔子一生凄凄惶惶，用自己掌握的真理以淑人心，以救世道，这就不是命，而是他自己努力的结果，或者说是他自己创造的命。

明末清初的大思想家王夫之也主张人可造命，不仅君相那样的大人物可造，就是普遍百姓也莫不可造。他认为，所谓天，就是理，而命就是理的流行。天之理是有理而无心的，它绝不是厚爱某人而使其长寿，厌恶某人而使其夭折，而只不过是生有生之理，死有死之理，治有治之理，乱有乱之理，存有存之理，亡有亡之理。比如寒冻、酷热、饥饿、过饱，这都有违生之理，人如触犯了，轻者则生病，重者会送掉性命。人不知道疾病死亡是自取的，便将之归于天命。因此，人应"修身以俟命，慎动以永命，一介之士，莫不有造焉"。在这里，王夫之说的命实际上可理解为自然规律，所谓造命，就是应该遵循自然规律。不过，王夫之对造命的看法似乎是复杂的，不止于一端。他还曾提出，圣人、君相可以为天下造命，但不能为个人造命："圣人赞天地之化，则可以造万物之命，而不能自造其命。能自造其命，则尧、舜能得之于子；尧、舜能得之于子，则仲尼能得之于君。然而不能也。故无能自造其命者也。"

清初思想家颜元承认有命，但认为人的能动性比命的作用为大。有人向他请教祸福是否皆命中注定，他回答说："不然。地中生苗，或可五斗，或可一石，是犹人生之命也。从而粪壤培之，雨露润之，五斗者亦可一石；若不惟无所培润，又从而蟊贼之，摧折牧放之，一石者幸而五斗，甚则一粒莫获矣。生命亦何定之有？夫所谓命一定者，不恶不善之中人顺气数而终身者耳。大善大恶固非命可圉也，在乎人耳。"颜元还把人对于命的态度分为几种，他特别赞赏"造命"：
"圣人以一心一身为天地之枢纽，化其戾，生其和，所谓造命回天者也。其次知命乐天，其次安命顺天，其次奉命畏天。造命回天者，主宰气运者也；知命乐天者，与天为友者也；安命顺天者，以天为宅者也；奉命畏天者，懔天为君者也。然奉而畏之，斯可以安而顺之矣；安而顺之，斯可以知而乐之矣；知而乐之，斯可以造而回之矣。若夫昧天逆天，其天之贼乎？"

颜元虽然提倡造命回天、主宰气运，但还是主张从奉命畏天开始，把昧天逆天者斥为天之贼，故其所谓造命，主要是赞天地之化育、先天而天不违的意思，这恐怕唯圣人能之。至清代中叶，敢于开风气之先的思想家魏源的言论就大胆多了，他不仅不以"逆天"，为不可，反而认为一味顺天有助纣为虐的意味，必须敢于逆天，才能赞天地之化育："一阴一阳者天之道，而圣人常扶阳以抑阴；一治一乱者天之道，而圣人必拨乱以反正，何其与天道相左哉？天左旋，日月五星右转，一经一纬而成文，故人之目右明，手右强，人之发与蛛之网、螺之纹、瓜之蔓，无不右旋而成章，惟不顺天，乃所以为大顺也……彼以纵任为顺天者，随其侪而助其虐也，奚参赞裁成之有哉？"看来，魏源坚信，只有处处与天对着干，才能有所作为，才是大顺，"造化自我，以造命之君子，岂天所拘者乎"？如果说，在天命与人力这对范畴的分析中，王充走向了一个极端；那么，毫无疑问，魏源又走向了另一个极端。如果真的付诸实施，这两个极端恐怕都会带来灾难性的后果。

天人相分论与天人相胜论

在命运与人为的关系方面，荀子与孔子、孟子的看法差别不大，但在天人关系方面，荀子的论述颇具新意。荀子承认人是自然界的一部分，人中有天，比如他说："形具而神生，好恶喜怒哀乐臧焉，夫是之谓天情；耳目鼻口形能各有接而不相能也，夫是之谓天官；心居中虚以治五官，夫是之谓天君。"但是，荀子更强调天与人之间的分别。他说："天行有常，不为尧存，不为桀亡。应之以治则吉，应之以乱则凶。强本而节用，则天不能贫；养备而动时，则天不能病；修道而不贰，则天不能祸……本荒而用侈，则天不能使之富；养略而动罕，则天不能使之全；背道而妄行，则天不能使之吉……故明于天人之分，则可谓至人矣。"

荀子所强调的"天人之分"，实际上是说天有天的职分，人有人的职分，天的变化与人无关，人事的变迁与天也没有什么关联。人如果积极发展生产，俭朴节用，则上天也不能使之贫穷；如果不发展生产，挥霍浪费，则上天也不能使之富裕。荀子认为，宇宙间有三种势力，这就是天、地、人，各有各的特殊职责。天、地的职责是"列星随旋，日月逆照，四时代御，阴阳大化，风雨博施，万物各得其和以生"，而人的职责则是充分利用天地所提供的物质和条件，以创造自己的文化。孟子提出"尽其心者，知其性也，知其性则知天矣"，不知天成不了圣人；荀子则与孟子针锋相对，提出"唯圣人不求知天"，圣人只要做好自己分内的事，而不求知天，只有小人才舍弃本职而思天，试图代替天履行天的职责。荀子呼吁说："大天而思之，孰与物畜而制之；从天而颂之，孰与制天命而用之！"

荀子的天人相分说尽管有石破天惊之效，但却影响扬播不远，人们仍普遍相信天道与人事之间有着密不可分的联系，相信人无法与天争斗，天能制约人。到了唐代，刘禹锡提出了一种天人关系的新说法，这就是著名的"天人交相胜"论。刘禹锡认为，"大凡入形器者，皆有能有不能，天，有形之大者也；人，动物之尤者也。天之能，人固不能也；人之能，天亦有所不能也。故余曰：天与人交相胜耳"。一切有形体的东西的功能都是有限的，天只不过是形体庞大的东西，而人是动物中最杰出的种类，天能做到的，人当然无法做到，而人能做到的，天也不一定能做到。尺有所短，寸有所长，从一方面说，天胜于人，从另一方面说，人胜于天，此即所谓交相胜也。

天的能力是什么呢？刘禹锡认为，"天之道在生植，其用在强弱"。春夏阳气上升时，各种植物便生长发育；秋冬阴气上升时，各种植物又枯萎凋零。水和火会伤害万物，木头坚硬，金属锐利。当生物成熟壮大时，就会表现得雄壮，而到衰亡之时，又会表现得虚弱。力气大的征服力气小的，力气小的受制于力气大的。所有这一切，都是天的能力。

人的能力是什么呢？刘禹锡认为，"人之道在法制，其用在是非"。阳气上升时种植，阴气上升时收获，防治灾害，进行灌溉。采伐树木，建造房屋，采炼矿石，制造农具。用义来制约强悍的人，用礼来区分长幼的次序，推崇贤德的人，尊敬有功的人，树立正气，压倒邪气。所有这一切，都是人的能力。

天的能力是生成万物，人的能力是建立制度。在自然界，只有强弱之分，无是非之别；在人类社会，建立起了是非标准，使一切都井然有序。天和人各有一定的能力，相互之间不能取代，不应相互干预，也无法相互干预。"天之所以能者，生万物也；人之所能者，治万物也……天恒执其所能以临乎下，非有预乎治乱尔；人恒执其所能以仰乎天，非有预乎寒暑尔"。刘禹锡举了一个有趣的例子说明天人之间交相胜的关系："夫旅者群适乎莽苍，求休乎茂木，饮乎水泉，必强有力者先焉，否则虽圣且贤莫能兢也。斯非天胜乎？群次乎邑郭，求荫于华榱，饱乎饩牢，必圣且贤者先焉，否则强有力莫能兢也。斯非人胜乎？"意思是说，在自然状态的荒野中，谁身体强壮有力，奔跑得快就能先抢到树荫，喝到泉水，就是圣贤之人，倘若体魄不壮健，也无法与之争抢，这就是天胜人；在文明状态的城邑中，想要到别人家休息，享受丰美的饮食，只有受人尊敬的圣贤才能做到，体魄再壮健而非圣贤，受不到别人尊敬，也就无法抢先得到饮食和憩息之处，这就是人胜天。

刘禹锡不仅提出了独特的天人关系说，还试图寻找人们相信天命的社会根源。在他看来，人的能力既然是建立制度，辨别是非，那么只有在有制度、讲是非的环境中，人才可胜天，否则就是在人类社会里，人也不能胜天，"是非有焉，虽在野，人理胜也，是非亡焉，虽在邦，天理胜也"。在法度废止、是非颠倒的社会里，人们必然认为遵循道没有作用，一切只能听天由命。"生乎治者，人道明，咸知其所自，故德与怨不归乎天；生乎乱者，人道昧，不可知，故由人者举归乎天，非干预乎人尔"。也就是说，谈天命者实际上是在秩序荡然的环境中，把用人事难以解释的无可奈何之事统统归到天头上，并不是天真地在干预人事。举例说明，犹如在小河里行船时，快慢行止都由人操纵，倘若船行得快速而平安人们自然会说是舵手水平高，倘若搁浅和翻船，人们也自然会说是舵手水平低，原因明显，一切都归于人事；而在汪洋大海里行船时，在古代的技术条件下，快慢行止就非人力所能决定了，不管是行程顺利还是危险，原因都不像在小河中行船那样明显，故一切都归之于天。

刘禹锡之后，虽然还有人持与他相同或类似的观点，但进行系统论述的几乎没有。只有明代的王廷相的论述还具体一些，他说："尧有水，汤有旱，天地之道适然尔，尧、汤奈何哉？天定胜人者，此也。尧尽治水之政，虽九年之波而民罔鱼鳖；汤修救荒之政，虽七年之亢而野无饥殍。人定亦能胜天者，此也，水旱何为乎哉？"发生水旱灾害，这是天地之道之适然，人不能改变天地之道，不能阻止灾害的发生，这是天胜人。但是，人可以通过积极的奋斗减除自然灾害的破坏，就像尧时一连九年发生大水，通过积极治水，人并未都变成鱼鳖，而是生存下来；汤时一连七年大旱，通过积极救灾，人并没有饿死，这就是人胜天。

天人感应论

据《国语·周语》记载，伯阳父于周幽王三年（公元前779年）在解释地震的原因时，说过这样一段话："天地之气，不失其序，若过其序，民乱之也。阳伏而不能出，阴迫而不能蒸，于是有地震。"也就是说，地震是由于人事的混乱打乱了天地之气的正常秩序造成的。如果这段记载可靠，那么天人感应观念在西周末期就产生了，其后越来越盛行。到《吕氏春秋》中，所表达的天人感应思想已很系统。该书分门别类，把各种灾异区分为风雨、寒暑、阴阳、四时、人、禽兽、草木、五谷、云、日、月、星气、妖孽等方面，每方面的感应之中又区别出种种复杂情况。该书《应同篇》指出，"凡帝王之将兴也，天必先见祥乎下民：黄帝之时，天先见草木秋冬不杀……及汤之时，天先见金刃生于水……及文王之时，天先见火，赤乌衔丹书，集于周社……代火者必将水，天且先几儿水气胜……无不皆类其所生以示人"。

汉代董仲舒是天人感应理论的集大成者。董仲舒根据人有五脏，天有五行，人有四肢，天有四时等一系列拼凑起来的对应关系，认为"人副天数"，"以类合之，天人一也"。《易传·文言》说过："同声相应，同气相求。水流湿，火就燥。云从龙，风从虎。"董仲舒继承了这种同类相应的理论，并与天人同类这种观念融合起来，构成天人感应的理论模式。在董仲舒看来，天地之间充满了阴阳之气，人就处于这种阴阳之气中间，因此，人世的治乱之气必然影响到阴阳之气，"天地之间，有阴阳之气，常渐人者，若水常渐鱼也。所以异于水者，可见与不可见耳，其澹澹也。然则人之居天地之间，其犹鱼之离水，一也……是天地之间，若虚而实，人常渐是澹澹之中，而以治乱之气，与之流通相殽也"；"天将阴雨，人之病故为之先动，是阴相应而起也"。人的病既然与天的阴气相互感应，人的乱气自然地会搅乱自然之气的正常秩序，出现灾祸。董仲舒还进一步指出，各种灾祸实际上体现了天的意志，代表了天对人君的不当行为和政治失道的谴告。

董仲舒的天人感应思想，在他之后虽然没有什么发展，但在社会上的影响一直很强大。深受世人喜爱的《聊斋志异》中，就有许多善有善报、恶有恶报的感应故事，广泛流传。

天人合一论

天人合一是概括中国传统文化时常用的一个术语，但对于其含义，众说纷纭，莫衷一是。据张岱年先生分析，天人合一之说包含两层含义，一是天人本来合一，一是天人应归合。就天人本来合一这方面而论，又有两种说法，一种是说天人相通，一种是说天人相类。天人相通又包含两层意思，第一层意思是认为天与人不是相对峙之二物，而是一息息相通之整体，其间实无判隔；第二层意义，是认为天是人伦道德之本源，人伦道德原出于天。天人相类也包含两层意思，第一层意思是说天人形体相类，第二层意思是说天人性质相类。

天人相通的观念，渊源甚早。《周易·乾卦·文言》说过："大人者，与天地合其德。"大人应与天地合德，其德必有可相通者。《乾卦·文言》还认为天体旋转不停是自强不息的品德的表现，君子也应具备这种品德，故曰："天行健，君子以自强不息。"孔子继承这种思想，他说过，"唯天为大，唯尧则之"，尧能够以天为榜样，当然是因为天的品德与圣人的品德是相通的。至孟子，对天人相通进行了更加深入的思考，他指出："尽其心者，知其性也，知其性则知天矣。"性在于人之心，人能尽其心，则能知其性；人之性又是禀受于天的，实际上也就是天的本质，所以知性则知天。

孟子关于天人相通的观念，到宋代理学家手里，得到进一步的阐释发挥。张载在《正蒙·乾称篇》中，第一次提出"天人合一"这个四字成语，同时还运用了"天人一物"、"一天人"、"万物本一"等概念，说明天与人、人与万物的统一性。在《正蒙·诚明篇》中，张载指出，"天人异用，不足以言诚，天人异知，不足以尽明。所谓诚明者，性与天道不见乎大小之别也"。天之用也就是人之用，知人也就是知天，天人非异，性道实。张载又说，"性者万物之一源，非有我之得私也；惟大人为能尽其道"，我之性并非我一人之性，而是万物之源。程颢和程颐与张载的看法有些类似，他们说："天人本无二，不必言合。"这比张载的"天人合一"的提法是更彻底的合一论了。程颢指出："人和天地，一物也，而人特自小之，何耶？"天人本为一物，无法区分，强作区分，只能是自小之私见。天地为何只是一物呢？这是因为，"仁者以天地万物为一体，莫非己也。认得为己，何所不至？若不有诸己，自不与己相干。如手足不仁，气已不贯，皆不属己"。万物能否"有诸己"，实际上全在乎一心，"耳目能视听而不能远者，气有限耳，心则无远近也"。程颢举例说明心的功用："以心知天，犹居京师往长安，但知出西门便可到长安。此犹是言作两处，若要至诚，只在京师，便是到长安，更不可求长安。只心便是天，尽之便知性，知性便知天。当处便认取，更不可外求。"可见所谓与天地万物为一体，是指心与天地万物为一体，也就是说，心容纳了天地万物之理，因此心便是天。

程颐认为，不能将天、地、人之道区分开来，"道未始有天人之别，但在天则为天道，在地则为地道，在人则为人道"，"安有知人道而不知天道者乎？道一也，岂人道自是一道，天道自是一道……天地人只一道也，才通其一，则余皆通"。在程颐看来，所谓道、天、心、性、命都是一事，"心即性也，在天为命，在人为性，论其所主为心，其实只是一个道"。人受性于天，天的根本的原理存在于性中，由人的心性便可以知天。

二程以后，有朱熹一派的理学，有陆九渊一派的心学，两派对于天人合一的看法都超不出二程学说的范围，但在怎样"合一"上看法有所不同。朱熹一派主张性即理，认为人的性同于宇宙的本体，人禀受宇宙的本体以为性，性在于心中，而心不即是性；陆九渊一派主张心即理，认为人的心同于宇宙的本体，人禀受宇宙的本体以为心，心性无别。尽管有这种差别，但两派都主张人包含着宇宙的本体，天人相通，天人合一。

天人相类学说的代表人物是汉代的董仲舒，其理论在前面及后面有关部分均有简介，兹不赘述。

第三讲

问天之术与应天之智

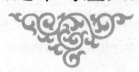

人类最宝贵的财富就是无尽的好奇心和求知欲。除了满足生存必需的东西之外，他们还追求更根本的东西，人类的精神世界因此变得越来越广阔、深邃、绚烂。

当中国古代最富浪漫气质的伟大诗人之一、神秘瑰丽的楚文化精神的典型体现者屈原被楚怀王放逐到汉水以北，"忧心愁悴，彷徨山泽，经历陵陆，嗟号曼曼，仰天叹息"，向浩渺的苍穹发出一连串追问的时候，他实际上抒发了人类的一种共同体验和追求，这就是希望理解和把握身处其中的世界，揭开它的奥秘，掌握它的运行变化规律，即悟其"道"。日出日落，月明月暗，云海渺茫，星光璀璨，天体运行和气象变幻所体现出来的有序与无序，常态与变态，很容易引致人类的注意与思索，他们一代又一代地进行猜测、求索和冥想，试图侦破自然之玄机，天象之奥秘。与此同时，当人们感悟并掌握某些天"道"及规律时，要用充满智慧之道的手段，来顺应天"道"的发展。

敬天的宗教

英国著名的中国科学技术史研究专家李约瑟指出，中国天文学"是从最早的时期开始就已贯穿在中国历史中的一条连续的线索"，"它是从敬天的'宗教'中自然产生的，是从那把宇宙看作是一个统一体，甚至是一个'伦理上的统一体'的观点产生的"。

的确，中国人的宇宙观具有鲜明的特点。在作为欧洲文化精神之母的古希腊学术思想中，天界与尘世、人与神虽有种种关联，却是判然有别的，被罗素称为"自有生民以来在思想方面最重要的人物之一"的毕达哥拉斯，甚至认为天界是由基本的数学比例支配着的和谐世界，而人类和万物居住的尘世却是一个混浊不堪、充满不可预言的变化的世界。中国先人却不喜欢做这样的划分与对比，他们主张"天人合一"、"天人相应"，认为天与人之间可以相互影响，相互贯通。这种观念被中国思想史专家杜维明界定为"存有的连续"（Continuity of being），是中国哲学的基调之一："瓦石、草木、鸟兽、生民和鬼神这一序列的存有形态的关系如何，这是本体学上的重大课题。中国哲学的基调之一，是把无生物、植物、动物、人类和灵魂统统视为在宇宙巨流中息息相关乃至相互交融的实体。这种可以用奔流不息的长江大河来譬喻的'存有连续'的本体观，和以'上帝创造万物'的信仰，把'存有界'割裂为神凡二分的形而上学绝然不同。"

正像第一章中所指出的，中国古代的天地观可以姑且区分为三类。就天而言，可称之为自然的天、宗教的天和伦理的天。关于天是自然的观点，古籍中尽管有不少片断论述，相对来说其影响是较小的。古代中国人，上至读书力学之士，下至市井乡野之民，多认为天与人密切相关。下面就分别介绍一下宗教的天和伦理的天。

宗教的天：众神的殿堂

关于天神的观念，是随着时代的发展而不断演化的。大体说来，这种演化是遵循着一条由朦胧到明晰、由抽象到具体的程序而展开的。在初期，各种天体只是被认为具有神性，后来则逐步被赋予动物、人或半人半兽的形象。

（1）古代巫教信仰中的天神。

伴随着人类认识能力的进步，从很早的时候起，中华民族的先祖就产生了宗教意识和灵魂观念。在北京旧石器时代晚期的墓地中，死者的尸骨上撒有赤铁矿石粉末，正如有的人类学家所说，红色是血液和火焰的颜色，象征着熊熊不息的生命，撒红色粉末是祈望死者获得再生。可见，当时人们已有灵魂观念。这种灵魂观念还被无限度地推衍和扩大，于是在古代巫教观念笼罩下的人类的心目中，世界上所有实在客体都被赋予超自然的即虚幻的特性，都有了灵魂和生命力。天体和气象现象自然也不会例外。"天似穹庐，笼盖四野，天苍苍，野茫茫，风吹草低见牛羊。"这是敕勒川上的游牧民族吟唱的一首浑朴的歌，它抒发的情怀很容易引起领略过天地之壮阔的人们的共鸣。中国文明发源于黄土高原，那里地势高亢，没有高耸挺拔的大山，极日四望，尽是同样的苍穹，人们必然产生类似于敕勒川上的游牧者那样的感觉，在惊叹天地之雄浑壮美的时候，对上天生出敬畏之感，于是默默的高悬在上的苍天，逐步具备了无所不在、高高监临的神性。另一方面，天空又是虚无缥缈的，不易被人的意识作为实体把握，因而关于天的观念最初是朦胧的，人们往往把天视为"众神的殿堂"，亦即神化了的日月星云以及其他神灵居住和活动的场所。

宗教是人间社会的反映。人间社会存在着等级和秩序，天上的神灵也不能杂乱无章，人们逐步把天神系统化，并与地上的王权相适应，从中产生出一位至上神以统率一切。大概因为太阳是天空中最引人注目的天体，对人类生活有很大影响力，日神崇拜在世界各民族的早期宗教中是普遍现象，中国亦然。郑州大河村仰韶文化遗址中出土了不少太阳纹陶片，太阳被画成圆形，四周还有表示光芒的长短射线，这是古人崇拜太阳的实证。最早建立的王朝夏，已经以日神为主神。《帝王世纪》谓夏桀说："天之有日，由吾之有民，日亡吾乃亡也。"《尚书·汤誓》记夏人诅咒夏桀说："时日曷丧，予及汝皆亡。"皆以太阳为喻。《天问》中有"羿焉弹日……帝降夷羿，革孽夏民"之句，《左传》襄公四年也提到"昔夏之方衰也，后羿自钥迁于穷石，因夏民以代夏政"，射日的英雄羿曾取代夏政，也说明日是夏的象征。代夏而起的商人也很崇拜太阳，但他们的宗教信仰已发生了重大改变，日神已不是至上神，他被"帝"所取代，成为帝的下属神灵。在商人心目中，帝是天地间人世中祸福凶吉的最终决定者，举凡人间的雨水和年收，以及方国的侵犯和征伐，均由他掌握。至周代，在至上神崇拜方面，用"天"代替了殷人的"帝"，但周人也考虑到了统治达数百年之久的殷人的宗教影响的深刻性，故也接受了"帝"这一称呼，并将二者融合起来，称为"皇天上帝"、"昊天上帝"等。在金文中，"天"的形状是一个有着硕大头脑的人，象征着高高在上的、神秘抽象的一种存在。"明明上天，照临下土"，"无日高高在上，陟降厥上，日监在兹"，可见周人的天是一个最高的人格神，时刻关注着人间的事物。西周以后，作为天帝的属吏的日神的地位大为衰落，但日神崇拜还是一直保存下来（如图七、图八），北京的日坛就是帝王祭日的场所。

图七　太阳崇拜遗迹 内蒙古阴山岩画

图八　拜日图（内蒙古阴山岩画）

月亮也在很早就成为崇拜对象。最古老的儒家经典《尚书·舜典》中有"禋于六宗"之说，根据一种解释，"六宗"包括日、月、星三"天宗"和河、海、岱三"地宗"，可见从很早的时候起，月神就常和日、星一起受到祭祀。布满天空的星辰也被认为有神性。据《史记·封禅书》记载，西汉以前，在雍的地方有一百多个神庙，许多庙都供奉着星辰，参、辰、南北斗、荧惑、太白、岁星、填星、二十八宿等星神都有专门供祀的庙（如图九）。

图九　斗为帝车之图

　　在古代巫教信仰中，风、雨、雷、云等气象现象也被看作神灵作用的结果，创造出了相应的主管神加以崇拜祭祀。在甲骨文中，可以发现许多有关求雨、卜雨和祭祀雨神的记录，表明殷人对雨神的重视。西周以来，人们将雨神尊称为"雨师"，有的地方还给雨神起了名字。如楚国的雨神名叫"蓱"，这从《天问》中"蓱号起雨，何以兴之"可知。《山海经·大荒东经》中认为大旱是因为"应龙处南极，杀蚩尤与夸父，不得复上"，也就是说，应龙帮助黄帝战胜了蚩尤，不得再上天，天上没有了"作雨者"，所以发生大旱。这个传说告诉我们，上古时代华北地区的雨神是"应龙"，可见民间很早就把雨神与龙联系在一起。风神大概被认为是恶神，所以甲骨文中有卜问风是否会停、是否带来灾害以及祈求息风的记录，而没有来风之辞。西周以后，北方地区称风神为"风伯"、"飙师"，楚人则给风神起名为"飞廉"。《山海经·海内东经》中说"雷泽中有雷神，龙首而人头，鼓其腹"，即认为雷电是雷神鼓腹造成的。甲骨文中有许多卜雷之辞，且有时雨和雷同时出现在一条卜辞中，可见殷人认为二者之间具有密切关系。殷人还经常祭云。殷商以后，还给云神加上"云中君"的拟人名称，《楚辞·九歌·云中君》描绘的就是巫师用迷人的舞蹈和音乐招引云神降临的情景，《史记·封禅书》等书中也提到过这位神灵。雨后出现的彩虹在甲骨文中是一条两头蛇的形状，《诗·鄘风·蝃蝀》中有"蝃蝀在东，无敢指之"之说，可见虹被人们视为可怕的、具有神性的动物形神灵。

《淮南子·天文篇》说："四时者天之吏也，日月者天之使也。"可见在古代巫教信仰中，四时和日月一样也是神，都是至上神"天"的属下。对于四时的这种看法，促使在周代由对一个上帝的崇拜演化为对于"五帝"的祭祀。据古书记载，黄帝、炎帝、共工、太嗥接受天命治理天下时，分别出现了云、火、水、龙之瑞兆，他们都以瑞兆命官，设立春、夏、秋、冬、中五种官职以顺四时：黄帝之春官为青云，夏官为缙云，秋官为白云，冬官为黑云，中官为黄云；炎帝之春官为大火，夏官为鹑火，秋官为西火，冬官为北火，中官为中火；共工之春官为东水，夏官为南水，秋官为西水，冬官为北水，中官为中水；太嗥之春官为青龙氏，夏官为赤龙氏，秋官为白龙氏，冬官为黑龙氏，中官为黄龙氏。《尔雅·释天》还直接把天理解为四季："春为苍天，夏为昊天，秋为旻天，冬为上天"。对四时之天各有专祭，"春祭日祠，夏祭日礿，秋祭日尝，冬祭日烝"。到周代，人们逐步把这些观念和信仰融会贯通，产生了"五帝"观念。据《周礼·天官·大宗伯》说，国家有大事，要祭祀上帝，这里的上帝就是指五帝。根据贾公彦的解释："祀帝于郊"是为了"风雨寒暑时"，亦即风调雨顺，四时不悖，而"风雨寒暑非一帝之所能为"，乃是由五帝共同负责，因而要向五帝祈求。人们还将传说中的人物与五帝结合起来，如《礼记·月令》以太嗥、炎帝、黄帝、少嗥、颛顼为五帝，分司春、夏、季夏、秋、冬。五帝是昊天上帝的属僚，受命而治理四时四季及五方之帝。五帝之下还有五神臣，分别为句芒、祝融、后土、蓐收、玄冥。毫无疑问，上帝及五帝构成的天神系统是周代政治结构的折射。

（2）道教信仰中的天神。

道教是中国土生土长的宗教，是由古代巫教发展而来的。从本质上看，道教与古代的巫教并无不同，它使巫教逐步系统化、理论化了。在崇拜体系上，道教典型地反映了以巫教观念为根基的中国人的神灵观，拥有极其繁多的神灵，其中多种多样的天神构成道教神灵体系的上层。

在初期的道教团体太平道中，人们崇拜中黄太一，太一又作为太乙、泰一，是汉代极受尊崇的天神，实际上也是汉代以来以天帝为至上神的信仰的延续。不过，《太平经》中也曾提到，至尊天神为"长生大主号太平真正太一妙气皇天上清金阙后圣九玄帝君"，姓李，这明显是指老子。五斗米道的经典《老子想尔注》

则提出，道即一，散而为气，聚则为太上老君。总起来看，早期道教的神灵是散漫无序的。到了南朝梁，道士陶弘景编制成《洞玄灵宝真灵位业图》，将道教神灵组成一个上下系统。该书把诸神及神仙共分为七个阶位，每个阶位的主尊分别是虚皇道君应号元始天尊、上清高圣太上玉晨玄皇大道君、太极金阙帝君姓李、太清太上老君、九宫尚书、右禁郎定录真君中茅君、丰都北阴大帝。此后，整理道教神灵系统的工作不断有人进行，但排列次序不尽相同，因而在道教已变得十分规整的时候，其神灵间的关系仍有许多模糊不清之处。

道教的尊神基本都居住在天上，他们包括三清、四御、诸天帝、日月星辰、四方之神、三官大帝等。三清是玉清、上清、太清的合称，据《道教宗源》等书说，由混洞太无元始青之气化生为天宝君，又称元始天尊，居清微天之玉清境；由赤混太无元玄黄之气化生为灵宝君，又称灵宝天尊，居禹余天之上清境；由冥寂玄通元玄白之气化生为神宝君，又称道德天君，即老君，居大赤天之太清境。天宝君传授洞真部的十二部经典，是洞真部的教主；灵宝君传授洞玄部的十二部经典，是洞玄部的教主；神宝君传授洞神部的十二部经典，是洞神部的教主。道教又认为，三清神只是名号不同，根本上说是一神，可以视为至上神元始大尊的三分身，将天宝君等同于元始天君，火概是三位一体的一种表现方式。关于元始天尊，道教也有不同的说法。一种说法认为元始天尊禀自然之气，既无开始，也无终结，是万物之始，道之根本。也有的说过去是元始天尊，现在是太上玉皇天尊，未来是金阙玉晨天尊，元始天尊位居三十六天中最上一重天大罗天之玄都玉京，这里大地由黄金铺盖，遍地都是珠玉、珍宝，树上有七宝、麒麟、狮子往来嬉戏，元始天尊的属下有仙王、仙公、仙卿、仙伯、仙大夫等。

地位仅次于三清的是四御。四御之首是玉皇大帝，在民间又被称为天公、玉皇、天帝、大帝、玉皇大天尊玄灵高上帝等等。也有人把玉皇大帝等同于元始天尊。在宋代，真宗尊称玉皇大帝为"太上开天执符御历含真体道玉皇大天帝"，徽宗又上尊号为"太上开天执符御历含真体道昊天玉皇上帝"，明确地将玉皇大帝与昊天上帝等同起来。这样，玉皇大帝已被视为诸神中地位最高的神，总执天道，无所不统。四御之二是中央紫微北极大帝。他是北极星的神格化，据说协助玉皇大帝执掌天经地纬、日月星辰、四时气候。他仅受玉皇大帝支配，地位很高。四御之三是勾陈上宫天皇卜帝，他协助玉皇大帝执掌南、北极与天、地、人三才，统御诸星，还主持人间兵革之事。四御之四是后上皇地祇，古人认为天为阳，地为阴，男为阳，女为阴，所以后土皇地祇是位女神，故又称后土夫人、后土娘娘，她掌管大地山河和阴阳生育。

诸天帝指五灵五老天君，他们是：东方青灵始老天君，号曰青帝；南方丹灵真老天君，号曰赤帝；西方皓灵皇老天君，号曰白帝；北方五灵玄老天君，号曰黑帝；中央元灵元老天君，号曰皇帝。很明显，五灵丘老天君就是周代产生的五帝信仰的转化。此外，还有九天上帝、三十二天帝等。四方之神是指东方青龙、西方白虎、南方朱雀、北方玄武。三官大帝是指天官、地官、水官，与三元相配，分别称上元一品赐福天官紫微大帝、中元二品赦罪地官清虚大帝、下元三品解厄水官洞阴大帝。

除诸神之外，天上还有众多的神仙。据《仙经》说，仙有三等：上士举形升虚，谓之天仙；中士游于名山，谓之地仙；下士先死后蜕，谓之尸解仙。可见，天仙是神仙系统中的上位神仙。在道教典籍和民间传说中，有许多得道成仙得以升天的故事。《云笈七签》卷三中说，太清境里有上仙、高仙、大仙、玄仙、天仙、真仙、神仙、灵仙、至仙等九仙；上清境和玉清境中则有相同名称的九真和九圣，如上真、高真和上圣、高圣等。

（3）民间宗教信仰中的天神。

民间宗教是以传承下来的远古巫教形态为基础和框架，不断吸收新的宗教因子而形成的。这是一个十分开放的系统，它随时准备接纳新的神灵并给这些神灵在久已存在的崇拜体系中安排一个适当的位置和职能。因而，民间宗教的神灵数目恐怕永远也统计不清。大体看来，民间宗教的神灵主要来自三个方面：一是古代巫教时代就为人信奉的神灵（这些神灵中的大多数被道教吸收和改造，但有时民间宗教和道教对同一神灵的说法不太一样），以及民间不断创造出来的地域性很强的神灵；二是道教信仰中的神灵；三是佛教信仰中的神灵。古代巫教和道教的天神信仰上面已略加介绍。佛教中的天神主要是诸佛、菩萨等，像释迦牟尼佛、阿弥陀佛、药师佛、观音菩萨、文殊菩萨、普贤菩萨、地藏菩萨等，都非常受中国民众的崇信。但是，在中国人看来，佛、菩萨尽管能救度自己，与自己的生活有着密切关系，甚至把四大菩萨的道场也搬到中国，但总的说来，佛、菩萨的活动场所不在自己头顶上的蓝天，而是在"西天"。这是另一个神灵系统，不受玉皇大帝的管辖。在民众的心目中，活动于中国这块土地的上空的还是本土的神，是以玉皇大帝为首的一个等级森严的神灵世界，尽管这些神灵对民众生活的影响力或许还不如佛、菩萨来得重要。

历史表明，在关于天的观念方面，佛教传入的最大影响是强化了中国人的天界分层认识。巫教以为宇宙是分成不同层次的，人类居住的大地为中间一层，其上为天国世界，其下为地下世界。从民族学资料看，有些民族的巫教信仰还把天上和地下的世界进一步区分若干层次，各层中都有神灵或鬼怪居住。从《国语·楚语》等古籍记载的颛顼命令重、黎断绝天地以划分神人界限的神话来看，中国上古时代已有了明确的天地分层意识，但未进一步划分天的层次。印度佛教中有六欲天之说，认为欲界有六重之天：一是四天王天，有持国、广目、增长、多闻之四大天王；二是忉利天；三是夜摩天；四是兜率天；五是乐变化天；六是他化自在天。四天王天在须弥山的半山腰，忉利天在须弥山的峰顶上，又称地居天；兜率天以上住在空中，又称空居天。其中忉利天又译作三十三天，是指中央为帝释天，四方各有八天，正如《佛地经论》卷五所说："三十三天，谓此山顶四面各有八大天王，帝释居中，故有此数。"很明显，六欲天虽有上下之别，但并不是天的分层，有的天是指神的具体住地，有的天是指佛教的境界：六欲天之一的三十三天更是属于须弥山顶的同一平面地域上居住的帝释天及三十二位天王，与天的分层毫无关系。但这些观念传入中国后，却被纳入中国固有的巫教分层体系中，大大拓展了天的纵深度。本土产生的宗教道教将天分为三十六层，其中大罗天一重，三清天三重，四梵天四重，无色界四重，色界十八重，欲界六重。很明显，道教的这些说法受到佛教的巨大影响，许多天的名称直接来源于佛教，但这种垂直划分的方式却已与印度迥然不同，表达了传承不衰的古代中国的巫教观念。在文化传播过程中，接受文化的一方必然按照自己的模式对传入的观念和价值加以改造，此为显例。

伦理的天：福善祸淫的天道

伦理的天是建立在宗教的天的基础之上的。也就是说，只有承认天是有意志的，有情感的，才可谈论道德意义上的天。但是，伦理的天又是宗教的天的逻辑发展，是一种进步。在巫教的早期阶段，人们尊重巫师，相信巫术，虽然认为天具神性，能以神秘的力量影响人，但又认为通过巫术可以改变天的态度和影响，巫术作用的大小取决于施术者"法力"的大小，而不取决于他的道德品质。随着人文主义的萌芽和发展，人们逐渐把上天和道德融合起来。人类学家瓦茨认为，宗教与道德之间关系的建立，是达到了一个较高的精神发展阶段的有力证据。他指出："要衡量一个民族的文明程度，几乎没有比这更可靠的信号和标准的了——那就是看这个民族是否达到了这一程度，纯粹道德的命令是否得到了它的宗教的支持，并与它的宗教生活交织在一起。"中国至迟从周代开始，就将对天帝的畏惧改造为道德的基础，从而使人世间的道德践履有了形而上的终极根据。儒家兴起后，对这一方面又作了特别的强调和阐发，最终确定了泛道德主义的文化架构。

（1）天命观念的兴起与周代的天道观。

在《礼记·表记》中，对文化传统有着精深了解的孔子曾对商代和周代的宗教态度作过一番对比："殷人尊神，率民以事神，先鬼而后礼……周人尊礼尚施，事鬼敬神而远之。"从这种对比中，我们可以知道周人在宗教信仰上已与殷人有很大不同。殷人非常重视神灵和巫师，国家政权体现出"巫教政治"色彩，伊尹、伊陟、巫咸、巫贤、甘盘等人都是著名的巫师，同时又是国家的重要官员。就是商王本身，也一身二任，既是国家政权的最高统治者，又是最高级的巫师，甲骨文中常有"王卜曰"字样，说明商王经常亲自占卜或主持这类活动。殷人信奉的至上神"帝"与殷人的宗族神是同位同格的，上帝与祖神之间可以直接沟通，在位的商王不论祈求何种事情，都不直接向上帝祈请，而足首先祈请先公先王等祖神，通过祖神向上帝转达。所以说，在商代人的观念中，上帝与祖神之间并无清晰的界限，先公、先王、先祖升天以后，就以祖先的身份而天神化了，故上帝称帝，祖先神也称帝；而商代作为自然主宰的上帝的形象是超然的，尚未赋有人格化的属性。有的学者认为，商代帝、祖合一的一元化宗教观念支配下的神权意识的核心是祖神，先王和上帝在祖先神的崇拜中达到了和谐统一，这是合乎实情的。

正因如此，商代的王权和神权之间存在着高度的一致性。不管儿子好坏，总是自己的儿子，上帝对商王的行为，或许可以显示某些警戒，施加某些惩罚，但不会彻底抛弃他。据《史记·殷本纪》记载，当周文王力量越来越强，出兵攻灭饥国的时候，商朝大臣祖尹对纣王说："天既讫我殷命，假人元龟，无敢知吉，非先王不相我后人，维王淫虐用自绝，故天弃我，不有安食，不虞知天性，不迪率典。今我民罔不欲丧，曰'天曷不降威，大命不至'？今王其奈何？"纣王非常自信地回答："我生不有命在天乎！"

在这里，祖尹表达的是一种新兴起的、为周代发扬光大的宗教观念，他将天和先王割裂开来，认为天是奖善罚恶的，由于纣王行为暴虐，不修教法，天将灭亡殷国，先王虽然想庇佑自己的后代，却也无可奈何了。纣王的自信来源于他对商朝传统宗教观念的坚信不疑，他相信帝、祖合一，相信祖先必定庇护后人，因而认为自己生来就有命在天，这种天命不会因人事善恶而改变。

当周人推翻了商的统治之后，进行了一场宗教改造运动，在商代对国家政治生活起着主宰作用的巫教到这时逐步沦为政治的附庸和工具，尽管巫教在社会大众中仍然拥有非常强大的影响力。周人逐步把殷人的"巫教政治"改造为"礼制政治"。一个明显的标志是，在商代地位十分尊崇的巫师已不能保有昔日的荣光。从原来的巫中分化出来的祝、宗一类的主持宗教礼仪的人员还保持着较高地位，而具体从事巫术的巫师的地位则江河日下。《荀子·王制篇》说："相阴阳，占祲兆，钻龟陈策，主攘择五卜，知其吉凶妖祥，伛巫跛击之事也。"可见，此时巫已由残疾人担任，非上层人士所乐为。人们对于伛，既离不开他们，又对他们存有蔑视。对巫的这种两重性的态度一直存留到今天。

在周代，帝、祖合一的一元化宗教观念被帝、祖有别的二元化宗教观念所取代。周人也认为至上神天帝与自己的祖先存在着密切关系，周的始祖后稷之母名叫姜原，是帝喾的元妃，"姜原出野，见巨人迹，心忻然悦，欲践之，践之而身动如孕者。居期而生子，以为不祥，弃之隘巷，马牛过者皆避不践；徙置之林中，适会山林多人，迁之；而弃渠中冰上，飞鸟以其翼覆荐之。姜原以为神，遂收养长之"。这则感生神话告诉我们，周人认为天帝与他们的始祖后稷之间存在着父子关系。周代有一种祭天仪礼，称作"禘"，据《礼记·大传》："礼，不王不禘，王者禘其祖之所自出，以其祖配之。"郑玄注："所自出，谓感生帝也。"周代最高统治者与后世帝王称为"天子"，就是这种观念的存续。

周人在天帝和始祖之间建立起血缘关系，比殷人的帝、祖关系明朗化了，也使帝、祖的界限泾渭分明了：一个是至高无上的天帝，一个是世俗人间的先祖。祖神不仅不会和天帝在神格上发生混同，也不能像商代的祖神那样直接地上宾于帝，陪侍在帝左右，而只是在祭天帝时配而祭之。殷人的祖神具有一些像上帝那样的超自然力量，甲骨文中有向先祖先妣求雨的记录，如："高妣燔，惠羊，有大雨？""求雨于上甲。""于大乙求雨。""高妣燎惟羊，有大雨。"周人的祖神就没有这样的神通了，连直接向天帝转达王的祈求的机会都没有。周王不可能像商王那样期冀获得至上神的无条件的庇佑；在周人看来，上天是福善祸淫的，人的行为只有符合道德规范，才可期望保有天命。可以说，周人以一个人格化的天帝替代了商代的非人格化的上帝，天帝根据人的行为的善恶或赏或罚，这样，天帝的意志就成为可知的，并成为人类一切理性活动的依归。另一方面，这种观念也使"天道"问题变为"人道"问题，人在宇宙中的地位、作用被大大突出了。这无疑开了中国人本主义之先河。

这样，在天道与人道的辩证关系中，一个新的概念"德"变得越来越重要了。《尚书·蔡仲之命》说："皇天无亲，惟德是辅；民心无常，惟惠之怀。"同书《皋陶谟》也说："天命有德，五服五章哉。天讨有罪，五刑五用哉。政事懋哉懋哉。天聪明，自我民聪明；天明畏，自我民明畏。达于上下，敬哉有土。"《左传》僖公五年又说："《周书》曰：'皇天无亲，惟德是辅。'又曰：'黍稷非馨，明德惟馨。'又曰：'民不易物，惟德系物。'如是，则非德，民不和，神不享矣。神所凭依，将在德矣。"

周人非常关心天命，在各种文献中屡屡言及天命，仅《尚书》中的十二篇《周诰》，"命"字就出现了十四处。为了给周革殷命这一事实制造合法性根据，周人宣称这是天意的体现，天命的转移。在伐商时，周武王几次发表演讲，申明自己的行动乃是禀承天命，"肆尔多士，非我小国敢弋殷命，惟天不畀，允罔固乱，弼我。我其敢求位？惟帝不畀，惟我下民秉为，惟天明畏"。"今殷王纣乃用其妇人之言，自绝于天，毁坏其三正，离逷其王父母弟……故今予发恭行天之罚"。也就是说，灭商绝不是周国胆大妄为的篡逆行为，而是由于纣王行为舛戾，自绝于天，引起天的愤怒，故天命周兴兵诛伐不义，周人只能遵天命而行，代上天对商朝施行惩罚。

在周代文献中，文王是作为纣王品德上的对立面出现的，正因为文王道德纯美，他才获得了上天的青睐，受有天命。《周书·文侯之命》说："丕显文武，克慎明德，昭升于上，敷闻在下。惟时上帝，集厥命于文王。"《诗·大雅·文王》

也称颂道："文王在上，于昭于天，周虽旧邦，其命惟新。有周丕显，帝命不时，文王陟降，在帝左右。"《诗·周颂·维天之命》亦云："维天之命，於穆不已，於乎丕显，文王之德之纯。"

既然认为周革殷命是天命转移所致，而天命转移的根据是由于纣王失德、文王积德所致，那么，周代统治者就常怀有"天命靡常"的危机意识，希望延续先祖的美德，从而长久地保有天命。周人知道，"天不可信，我道惟宁（文）王德延，天不庸释于文王受命"，也就是说，一味向上天祈求是无用的，周朝的开创和延续是由于先祖文王具备高尚的品德，"文王有明德，故天复命武王也"。但是，祖宗的余荫是有限的，文王之德不能保证周朝万世不衰，这就要求历代嗣君"其疾敬德，王其德之用，祈天永命"，正如《诗》中所咏唱的："假乐君子，显显令德，宜民宜人，受禄于天，保右命之，自天申之。于禄百福，子孙千亿，穆穆皇皇，宜君宜王。"

总而言之，周人非常相信天命，相信一个人格化的至上神天帝的存在，认为天帝是惩恶扬善的，道德是享有天命的条件，有德者必有天命，失德者必失天命。正由于此，周人对上天怀有深深的敬畏之情，"胡不相畏？不畏于天"？"礼以顺天，天之道也……在《周颂》曰：'畏天之威，于时保之。'不畏于天，将何能保"？这种观念，构成星象学的理论基石。

顺便指出，将天伦理化在增强了天的崇高性的同时，也引起一些相反的后果，这就是当尘世的善行未得善报、恶行未得恶报的时候，人们往往对天发出诅咒。比如，在周朝政治黑暗、天子昏暴之时，人们曾发出这样的咏叹："浩浩昊天，不骏其德。降丧饥馑，斩伐四国。旻天疾威，弗虑弗图。舍彼有罪，既伏其辜。若此无罪，沦胥以铺。"上天暴虐，不施恩德，横降饥馑，伤害人民，罪犯逍遥，善人受苦，在诗人的眼里，天已不是至上至公的圣神，而是善恶不分的暴君。循此思路下去，理应从天的信仰中解脱出来，还天以自然本貌。但中国先人在这方面没有进一步地推论，他们面对人世的苦难和不公正，虽然经常抱怨几句，但始终没有放弃对天的坚定信仰，相信天总有一日会开眼，大施神威，扫除人间之罪恶，给予善人以福佑。

（2）道德主义的高扬与儒家的天道观。

春秋时代是"礼崩乐坏"的剧烈动荡时期，表现在学术思想方面，就是官师不分、学在官府的局面被打破，私人讲学活动蓬勃兴起，出现了许多学术派别。儒家就是这些学术派别中很著名的一个，其创始人孔子是当时最著名的大思想家之一。在孔子时代，人文主义思潮已很兴盛，人们尽管仍然相信天命，但又认为天命以人事为依归，"天视自我民视，天听自我民听"。孔子继承和发展了这种人文主义精神，他把注意力集中在人的问题上，而不愿意谈论超自然的问题。《论语·述而》说："子不语：怪、力、乱、神。"孔子曾经说过："敬鬼神而远之，可谓知矣。"但是，这些话并不表明孔子是个无神论者，他仍然相信超自然的"天"的存在，相信"天命"的作用。他宣称自己"五十而知天命"，认为"不知命，无以为君子也"。他指出："君子有三畏：畏天命，畏大人，畏圣人之言。"从孔子的论述来看，他似乎想为道德实践找到形而上的根据。

杨庆堃认为，"在许多文化中，宗教的支配影响力起于宗教之支配道德价值。中国文化的一个显著不同之点在于儒家思想之支配伦理价值，而宗教则在对儒家道德给予超自然的支持"。由于孔子罕言超自然问题，这种特点尚不显豁，但到孟子，就十分明显了。孟子明确地给予天命思想以道德的属性，天是道德的天，人的道德原则也就是天的根本性原则。他认为，人的善良本性是"天之所与我者"，则人们应该进行自我修养，充分地发展天根植在他心中的"性"，这样就可以"知天"，"尽其心者，知其性也，知其性则知天矣"，"存其心，养其性，所以事天也"。由于在诸侯国之间战火连绵的局势下，儒家不能在"富国强兵"方面取得实效，尽管孟子像孔子那样四处奔走，结局与孔子也差不多，在政治上得不到重用。孟子之后，儒家在这方面依然没有进展。直到汉朝建立之后数十年，出于建立政治和社会的新秩序的需要，儒家思想才被确立为官方意识形态。促成"罢黜百家，独尊儒术"这一重大历史事件的，是著名思想家董仲舒。与孟子的零散言论不同，董仲舒在天道观方面进行了系统论述。不过，他的观点并不完全恪守孔孟正统，而是大量吸收了阴阳家和五行家的思想，将主要来源于阴阳家和五行家的形而上学的根据与主要是儒家的政治和社会哲学结合起来，把很早就已产生的天人感应思想推向极致，形成一个完整的神学体系。在董仲舒看来，"天者，百神之君也，王者之所最尊也"，天是至高无上的神。同时，天又是道德的化身，"仁之美者在于天，天，仁也"。天是万物之祖，人亦不例外，所以人是天的缩影，此为"人副天数"。他论证说：

人之为人，本于天，天亦人之曾祖父也，此人之所以乃上类天也。人之形体，化天数而成；人之血气，化天意而仁；人之德行，化天理而义；人之好恶，化天之暖清；人之喜怒，化天之寒暑；人之受命，化天之四时。

又说：

　　天地之符，阴阳之副，常设于身，身犹天也，数与之相参，故命与之相连也。天以终岁之数成人之身，故小节三百六十六，副日数也；大节十二分，副月数也；内有五藏，副五行数也；外有四肢，副四时数也；乍视乍暝，副昼夜也；乍刚乍柔，副冬夏也；乍哀乍乐，副阴阳也；心有计虑，副度数也；行有伦理，副天地也。

　　既然人的伦理与天地相副，就必须符合上天之仁，倘若违背了天的意志，不行仁义，天必加以"谴告"，而谴告的方式，就是制造灾异："天地之物，有不常之变者，谓之异；小者谓之灾。灾常先至，而异乃随之。灾者，天之谴也；异者，天之威也。谴而不知，乃畏之以威……凡灾异之本，尽生于国家之失。国家之失，乃始萌芽，而天出灾害以谴告之。谴告之而不知变，乃见怪异以惊骇之。惊骇之尚不知畏惧，其殃咎乃至。"董仲舒的理论极大地支持了星象学，天象的变化正是上天谴告的一种最重要的方式。在先秦，"天垂象，见吉凶"，有凶亦有吉，大概由于董仲舒的理论影响，汉代以来星象学越来越偏重于"凶"，亦即上天的谴告，天象变化很少被视为吉兆。

　　董仲舒构筑的神学化的儒学体系因包含着过多的荒诞内容，被宋明理学家们摒弃于正统儒学之外。在他们看来，孟子之后儒学已成为"绝学"，孔孟之书虽然存在，但其真意已长久无人能明，直到一千多年后，其真意才被理学家们发掘出来。他们这样讲固然是受了禅宗宗系的启发，有自我抬高之嫌，但也并非毫无道理。孟子试图将"天"内在化，从而成为伦理道德的终极根据，他之后的儒家学者显然没有沿着这条线索深入，董仲舒的"天"虽然是道德性的，但毫无疑问是外在的人格神，对孟子的思路是个倒退。宋明理学家却上承千年不传之绝学，接续孟子的思维趋势，重新为道德实践确立超道德的价值。由于从佛教和道教那里吸收了许多养分，他们的论述与孟子相比要精致多了。理学首先确立人的特殊地位，正如张载所说："乾称父，坤称母，予兹藐焉，乃浑然中处。故天地之塞，吾其体；天地之帅，吾其性。民吾同胞，物吾与也。"尽管人和万物都是从太极这一本原，经过阴阳动静，或者经过气的缊组合而成的，但由于人禀承了特殊的灵性（良知良能），也就取得了超越万物的特殊地位，以至于可以"与天地参"。人成为"天地之心"，是赞助天地之化育的唯一生灵，生来就负有发挥自己的良知良能，传播、弘扬天道的使命。在宋明理学体系中，"天理"占据着突出位置。程颢说："天者，理也。"朱熹说："合天地万物而言，只是一个理。"理体现在人身上便是"性"，"人物之生，必禀此理，然后有性"。"天"是最高的本体，"天"就是"理"，因此，"理"就是最高的本体，是存在的根源和法则，人应该时刻防止天理被人欲蒙蔽，这就是"存天理，灭人欲"。可以说，宋明理学十分重视"天人合一"这一传统命题，但关注的中心不是"天人感应"那样的目的论神学，而是把"性"（良知良能）视为联结和沟通天人的枢纽，使天理彻底内在化了。

对天的礼敬与祭祀

既然把天视为君临下民的神灵，人们就会设法获得天的福赐，逃避天的惩罚。这些方法多种多样，大体上可以归纳在以下三个方面中：第一，举行祭祀仪式以表达自己对天的崇敬，博取天的好感和怜爱，或者祈祷上天免除对自己不当行为的惩罚；第二，通过观测星象的变化以了解天的意图或警告，以便采取措施，消灾弭祸，趋吉避凶；第三，修养个人的品行以顺应天命。对于统治者来说，第三方面常与第二方面相结合，即当出现日食、月食和其他被认为是不正常的天象时，统治者便检查个人品行和政务上的过失，及时改正，同时鼓励臣民上书对政治得失提出批评，有时还进行大赦。这里只介绍一下祭天情况，有关占星术的内容留待下节详细说明。

中国先民很早就产生了天神观念，相应的祭祀活动也有久远的历史。在辽宁东山嘴，发现了一座属于红山文化的大型祭坛，其形状南圆北方，与古文献中郊祀的礼制相符，祭祀的对象中当包括天神。据古文献记载，舜、禹时已有祭天的典礼，称为"类"。商代的天神是"帝"，商人对帝极敬畏。从甲骨文来看，商代有多种祭祀仪式，如彡、宝、啓、賓、勺、福、岁、御、彐、畐、帝、校、告、求、祝等等，其中最重要的是彡、翌、祭、宝、畐五种，据董作宾云："彡为鼓乐之祀，翌为舞羽之祀，祭则用肉，宝则用食（黍稷），而啓则为合祭……五种祀典皆同时用酒致祭，乐、舞、酒、肉、黍俱备。"限于资料，董氏之言出于推测，究竟何种祭仪用于祭帝，祭祀程序如何，已难稽考。商代对"日"较重视，卜辞中有"出日入日，辛"，"出入日，岁三牛"一类的记载，可见在商朝时每天都要举行迎接日神和恭送日神的仪式，且有在仪式上杀牛和杀羊以作牺牲的事情。从周代开始，对天的崇拜从自然崇拜中突出出来，天帝成为人格化的至上神。周代以礼治天下，"国之大事，在祀与戎"，因而祭祀在诸礼中占据首位。祭礼不仅是为了宣传统治思想，教化人民，更是为了显示社会等级差别。按照周礼的规定，对天的祭祀只能由天子举行，这象征着至高无上的王权对神权的垄断。

周代祭天之礼无系统记载，散见于各类史籍。据《周礼》、《礼记》等书中的零星资料综合观之，其仪节大略如下：祭天大典于冬至日在都城南郊的圜丘举行。圜丘又作圆丘，是体现天圆地方观念的象征性建筑。圜丘祭祀的主神是昊天上帝，但还要以周王室的祖先配祀，正如《象上传》解释《易经》豫卦是所谓"先王以作乐崇德，殷荐之上帝，以配祖考"。《大戴礼·朝事》解释："祀天于南郊，配以先祖，所以教民报德，不忘本也。"《礼记·祭法》谓"周人禘喾而郊稷"，《孝经》也说"昔者周公郊祀后稷以配天"，可见周代是以始祖后稷配享上帝的。圜丘祭祀的主祀是周天子，他被认为是有德之人，故《礼记·祭义》说"惟圣人为能享帝"。祭祀的前十天，周天子要先到祖庙祭告，然后到袮室占卜，得到吉兆，周天子便来到泽宫，选择一些臣僚为助祭，然后由有关官员宣读关于斋戒祭祀的誓词，周天子与参加祭祀的臣僚们都恭敬聆听。从占卜选择吉日的那天起，周天子和参加祭祀的臣僚们进行斋戒，熟悉祭天的礼仪，还要省视将要敬献给天帝的牺牲是否合格以及祭器是否清洁。祭祀这天，周天子首先身着皮弁以听祭报，然后穿戴起专供祭天之用的大裘，内穿象征着天的衮服，头戴前后垂有十二旒的冕，乘坐素车前往圜丘，车上插有十二旒的旗，旗上绘有龙和日、月等图案。到达圜丘后，周天子脱去大裘，仅着衮服，腰间插大圭，手持镇圭，立于圜丘东南侧，面向西方，并迎接尸登上圜丘。所谓尸，就是由活人装扮的天帝的化身，在祭礼过程中他代表天帝接受周天子的祭献。接着，将牺牲迎至祭祀场所，由周天子亲自主持将其宰杀。然后，依次祭献玉帛、牲血、全牲、大羹、黍稷等，每次祭献都同时献酒，前后共献五种酒，称作五齐。献祭完毕，尸赐酒于周天子及祭献者，称为酢。饮毕，周天子与舞队同舞《云门》之舞。然后，再用车将尸送走，将祭品撤下。对于祭品的处理，一般是放在坛上的柴堆上焚烧，称为燎、柴、实柴、燔燎、烟祀等，名称很多。采用这种方式，据《礼记·郊特牲》孔颖达疏，是因为"天神在上，非燔柴不足以达之"，也就是说，天帝高居天上，只有筑高坛焚祭品，让烟气升腾直达高空，才能被天神所接受，达到人神沟通的目的。

随着周天子权威的衰落，五帝（苍帝、赤帝、黄帝、白帝、黑帝）越来越受重视，秦国的帝崇拜尤其引人注目。秦始皇统一全国后，仍只郊祭白、青、黄、赤四帝，而无圜丘祭天之礼。汉朝因袭未改，只是加上黑帝，郊祭五帝。汉代谶纬迷信盛行，人们认为天上的紫微宫是天帝之室，北辰（北极星）即为天帝，又名"泰一"（也作"太一"），为"天神之最尊贵者"，汉武帝除三年一郊祀五帝外，还曾听信方士之言，在都城长安东南郊建立泰一坛，每年冬至皆郊拜泰一，其礼制与郊祀五帝一样。此外，因武帝常到甘泉宫居留，也在其地立泰一祠，举行郊祭礼。汉成帝时，一些熟悉儒家礼制精神的大臣认为汉代郊祀之制不合古礼，经过群臣讨论，遂仿照被儒家视为楷模的周礼制度，在长安南郊建立了圜丘，并按想象出来的古代仪式举行了祭天大典。这一祭仪改革经过了一些反复，到西汉末期才基本固定。自此以后，历代统治者基本上都遵循旧制，在南郊建立圜丘以祭天，现在仍然矗立在北京南郊的天坛就是清代皇帝祭天的场所。总体看来，历代祭天典礼在细节上千差万别，在大节上却非常相似和一致。下面略述明代祭天大典，以见一斑：

祭祀举行之前，皇帝要先斋戒（散斋四日，致斋三日）。祭祀前两日，皇帝要头戴通天冠，身穿绛纱袍，前去省看祭祀时使用的牺牲和器皿。前一日，各有关部门陈设各种所需器物。祭祀那天清晨，皇帝车驾来到事先搭好的大次（大帷幕），太常卿奏"中严"，皇帝服衮冕，太常卿又奏"外办"，皇帝入就位。赞礼官唱"迎神"，协律郎举麾，乐奏《中和之曲》，歌词为："昊天苍兮穹窿，广覆煮兮庞洪。建圜丘兮国之阳，合众神兮来临之同。念蝼蚁兮微衷，莫自期兮感通。思神来兮金玉其容，驭龙鸾兮乘云驾风。顾南郊兮昭格，望至尊兮崇崇。"在乐声中，祭祀者想象昊天上帝驾驭着飞龙腾鸾，乘御着风和云，率领着众神降临祭坛。

赞礼官唱"燔柴"，郊社令便点燃燎坛上的柴草，并将牺牲放在上面焚烧。烟雾蒸腾而上，人们认为高高在上的神灵接受了祭品。赞礼官唱："请行礼。"太常卿奏："有司谨具，请行事。"皇帝行再拜礼，皇太子及所有与祭者皆随皇帝行礼。

赞礼官唱"奠玉帛"，皇帝来到 洗位。太常卿赞曰："前期斋戒，今辰奉祭，加其清洁，以对神明。"皇帝揾圭（将手中所持圭插于腰带），洗手。出圭（将圭重新拿在手中），走上祭坛。太常卿赞曰："神明在上，整肃威仪。"皇帝自午陛上坛，协律郎举麾，乐奏《肃和之曲》，歌词为："圣灵皇皇，敬瞻威光。玉帛以登，承筐是将。穆穆崇严，神妙难量。谨兹礼祭，功征是皇。"皇帝走到圜丘祭坛顶上的昊天上帝神位前，这是一块以栗木制成的牌位，长二尺五寸，宽五寸，厚一寸，趺座高五寸，上书"昊天上帝"四字，称为"神版"。皇帝在神版前跪下，揾圭，三上香，奠玉帛，出圭，行再拜礼，然后复位。赞礼官唱进俎，协律郎举麾，乐奏《凝和之曲》，歌词为："祀仪祇陈，物不于大。敢用纯犊，告于覆载。惟兹菲荐，恐未周完，神其容之，以享以观。"皇帝到神位前，揾圭，奠俎，出圭，复位。

赞礼官唱："行初献礼。"皇帝来到爵洗位，揾圭，洗爵、擦爵，然后把爵授予执事者，出圭。又到酒奠所，揾圭，执爵承酒，授予执事者，出圭。协律郎举麾，乐奏《寿和之曲》，歌词为："眇眇微躬，何敢请于九重，以烦帝聪。帝心矜怜，有感而通。既俯临于几筵，神缤纷而景从。臣虽愚蒙，鼓舞欢容，乃子孙之亲祖宗。酌清酒兮在钟，仰至德兮玄功。"奏乐时，同时舞《武功之舞》。皇帝在神位前跪下，揾圭，上香，祭酒，奠爵，出圭。读祝官手捧祝版，跪读祝文，读毕，皇帝俯伏而拜，起身，再拜，然后复位。行亚献礼时，乐奏《豫和之曲》，歌词为："荷天之宠，眷驻紫坛。中情弥喜，臣庶均欢。趋跄奉承，我心则宽。再献御前，式燕且安。"同时舞《文德之舞》。行终献礼时，乐奏《熙和之曲》，歌词为："小子于兹，惟父天之恩，惟恃天之慈，内外殷勤。何以将之？莫有芳齐，设有明粢。喜极而抃。奉神燕婏。礼虽止于三献，情悠长兮远而。"亚献礼和终献礼的仪节与初献礼相同，只是没有读祝一节。

赞礼官唱："饮福受胙。"皇帝走上祭坛，到饮福位，行再拜礼，跪下，搢圭。奉爵官酌福酒跪进，太常卿赞曰："惟此酒殽，神之所与，赐从福庆，亿兆同沾。"皇帝从奉爵官手中接过爵，祭酒，饮福酒，然后置爵于坫。奉胙官跪进胙，皇帝受胙，又转授执事者，然后出圭，俯伏而拜，起身，再拜，复位。皇太子以下所有与祭人员，皆再拜。

赞礼官唱撤豆，协律郎举麾，乐奏《雍和之曲》，歌词为："烹饪既陈，荐献斯就，神之在位，既歆既右。群臣骏奔，撤兹俎豆。物侑未充，尚幸神宥。"乐声中，掌祭官将豆撤下。

赞礼官唱"送神"，协律郎举麾，乐奏《安和之曲》，歌词为："神之去兮难延，想遐袂兮翩翩。万灵从兮后先，卫神驾兮回施。稽首兮瞻天，云之衢兮渺然。"皇帝行再拜礼，与祭人员皆再拜。赞礼官唱："读祝官奉祝，奉币官奉币，掌祭官取馔及爵酒。"上述官员皆到燎所。赞礼官唱"望燎"，皇帝至望燎位。协律郎举麾，乐奏《时和之曲》，歌词为："焚燎于坛，灿烂晶荧。币帛牲黍，冀彻帝京。奉神于阳，昭祀有成。肃然望之，玉宇光明。"待焚烧一会儿，太常卿奏："礼毕。"皇帝回到大次中，解严。

至此，整个祭天大典全部结束。

在古代，还有一种非常隆重的仪式，称为"封禅"。封禅不是单纯的祭天礼，而是两次祭祀活动的合称，祭天为封，祭地为禅，不过两种活动总是一起进行。《史记·封禅书》正义说："此泰山上筑土为坛以祭天，报天之功，故曰封；此泰山下小山上除地，报地之功，故曰禅。"之所以在泰山举行封禅大典，是因为泰山为东岳，东方主生，是万物之始，是阴阳交替之处。泰山下举行禅礼的小山有云云山、亭亭山、梁父（甫）山、社首山、肃然山等，后多在梁父山举行。

根据先秦传说和礼制规定，封禅仪式只有帝王才能举行。

《史记·封禅书》谓早在伏羲以前的无怀氏就曾封泰山，禅云云山。夏、商、周三代亦有封禅之说，但其礼仪无具体记载。春秋时期，齐桓公成为诸侯的霸主，想举行封禅，管仲极力劝阻说：古代封泰山、禅梁父者七十二家，知名的有无怀氏、伏羲、神农氏、炎帝、黄帝、颛顼、帝喾、尧、舜、禹、汤、周成王，

中国古代智道丛书

天地智道

积阳为天 积阴为地

71

"皆受命然后得封禅"。听了此言,齐桓公只得打消了封禅的念头。

史书中所记封禅,可信的是从秦始皇二十九年(公元前218年)开始的。据记载,秦始皇准备封禅时,曾召集儒生博士七十人到泰山下,向他们询问古代封禅礼仪。众儒生有的说古代天子封禅要坐"蒲车",以免损伤泰山的土石草木;有的说要"扫地而祠,席用菹秸"。众说纷纭,莫衷一是。秦始皇感到众儒生之论迂腐难行,因此悉绌儒生不用,自定封禅礼仪。他修建车道,从泰山南坡上至山顶,勒石纪功,又从北坡而下,禅于梁父。一封一禅,但具体礼节保密甚严,世不得而知。

汉武帝时,也曾去泰山封禅。像秦始皇一样,他召集儒生询问礼仪,但众儒生一人一个说法,谁也说不明白封禅礼究竟如何。汉武帝把准备好的"封祠器"给他们看,他们又拘于古代典籍,说是与古不合。汉武帝也只得像秦始皇那样自定封禅礼。他先到梁父祭地,并在泰山下东方设坛祭天,坛广一丈二尺,高九尺,下埋"玉牒书"。礼毕,武帝与侍中等少数近侍大臣登上山顶,在山顶筑一土封,下圆上方,上建方石,再次举行祭天礼。次日从北山坡下山,在泰山下的肃然山再次祭地。祭祀时,用江淮一带出产的一茅三脊草,各地珍贵的飞禽走兽及白雉诸物,并以五色土益杂封。在乐声中,汉武帝身着黄色衣服,展礼跪拜。此后历代封禅,基本与此类似,但细节各异。

汉武帝以后,举行过封禅礼的还有东汉光武帝、唐高宗、唐玄宗、宋真宗等。想封禅而未实现的,有魏明帝、(刘)宋文帝、梁武帝、隋文帝、唐太宗、宋太宗等。唐高宗封禅泰山时,从驾的文武大臣、兵士、仪仗队伍长达数百里,波斯、天竺、倭国(日本)、新罗、百济、高丽等国的使者也从行,穹庐毡帐,牛马驼羊,充塞道路。其礼仪为:先在泰山南四里筑圆坛,三重,十二阶,如圜丘之制,坛上饰以青色,四面各如其方之色,并造玉策三枚、玉匮一、金匮二、石检、石碱等;在泰山之上,筑登封之坛,上径五丈,高九尺,四面有陛,坛上饰以青色,四面各如其方之色,亦造玉牒、玉匮、石碱、石检等以备用;在泰山下的社首山筑禅坛,方形八隅,一重,八陛,如方丘之制,坛上饰以黄色,四面各如其方之色,准备玉策等物,与上面相同。封禅礼正式开始之日,唐高宗在山下圆坛亲祭昊天上帝,祭毕,亲封玉策,置石碱,聚五色土封之。然后,率侍臣等登泰山。次日,就山上登封之坛封玉策,封毕,下山。次日,在社首山禅坛亲祭皇地祇。次日，御朝觐坛以朝群臣。礼毕，宴文武百僚，大赦，改元。

祭天是由皇帝垄断的国家最重大的礼仪活动，包含着两层意义：第一，皇帝向上天表达自己的敬畏之情和忠孝之感，表示决心按照上天所制定或赞赏的法则治理天下；第二，象征皇帝与天之间所具有的特殊的亲密关系，表示皇帝是上天在人世间的代理人，受到上天的特殊关注和庇佑。

星象：对上天启示的索解与顺应

天垂象，见吉凶。

这句话出自《易经·系辞上》。它告诉我们，在中国先民的眼睛里，日月星辰的运行，风雨雷电的出现，都不能简单地视为自然现象，而与人世间的事务密切相关。天道与人事，恰似水与乳之融合，不能截然两分。中国是个异常关心天象的国家，留下的天文记录在世界上是最丰富的，据《中国古代天象记录总集》一书所收载的史料统计，从上古至清朝灭亡，各正史、实录、十通、方志等书中记载的明确的天象记录多达万余项，包括日食、月食、太阳黑子、月掩行星、新星、超新星、彗星、流星、流星雨、陨石、极光等等。在长达数千年的时间中，支撑着一代又一代"天文学家"孜孜不倦地观测天象的动力，不是对科学知识的渴望，而是对世道人情的关切，是希望通过天象的变化了解至高无上的天帝的意志。《易经·象·贲》指出："观乎天文，以察时变。"可谓一语中的。《汉书·艺文志》数术略对"天文"的解释也说明了这一点："天文者，序二十八宿，步五星日月，以纪吉凶之象，圣王所以参政也。"鉴于中国古代天文学的这种性质，一些西方学者称之为"占星术天文学"，近年国内又有学者提出"社会天文学"。"政治天文学"概念，颇有见地。为了避免与现代天文学概念发生混同，本书下面将径称之为"星象学"。

星象学在中国具有深厚的文化根基和心理基础。尽管其内容是荒谬的，却是中国文化的基本特征和原则的展现。作为欧洲文化精神之母的古希腊学术思想，具有较强的客观性色彩，正如亚里士多德所说："古往今来人们开始哲理探索，都应起于对自然万物的惊异。他们先是惊异于种种迷惑的现象，逐渐积累一点一滴的解释，对一些较大的问题，例如日月与星的运行以及宇宙之创生，作成说明……显然，他们为求知而从事学术，并无任何实用目的。"与此适成对照，作为中国文化精神之母的先秦学术思想建立在经世致用的基础上，对纯粹的思辨和演绎普遍原理不感兴趣。章学诚谓"古人不著书，古人未尝离事而言理"，的确把准了中国文化的脉搏。《汉书·礼乐志》也说："六经之道同归，而礼乐之用为急……故象天地而制礼乐，所以通神明；立人伦，正情性，节万事者也。"

正是由于中西文化的这种差异，在对待天象方面，尽管双方都认为日月星辰的运行有着自己的规律，并对它们的规律有了一定把握，但在解释方面却态度迥异。W·爱伯哈德敏锐地注意到："中国，像希腊以及其他文明，包括西方，相信自然是'和谐'的；决定各自现象的定律可以综合于一个普遍的定律下。中国人像希腊人一样曾试图以数学方式来表达某些定律，而那一个普遍定律也是设想成一个数学定律，即是用一个数字来包含所有的数字，所谓的'大数'（Great Number）。但是对于天体与自然现象之与理论不符之处，他们不将之归于其理论之不完全，而归之于人间活动，人事之干涉到自然平衡的结果。因此，他们不去调整或改正其理论，反而在人事之干涉中寻找其根源。"比如，当预定的日食没有发生时，西方人会想到校正其历算方法，中国人则额手称庆，认为这是由于君主有德，上天不必示警，故尔应该发生的日食没有出现。

可以说，不了解传统中国的星象学，就不能真正了解中国的天人关系思想，不能完整地把握中国的意识形态和哲学观念的特征。但是，星象学的内容极其深奥、庞杂，且充溢着古代人们顺应天时的智慧之道与应变之术，这里只能择其要点略加介绍。

星象学的发展过程

星象学是世界各文明中普遍存在的现象，内容十分繁杂。大体说来，国际学术界根据所占对象，将其区分为两大类型，分别称为 Judical Astrology 和 Horoscope Astrolog。第一类是根据星象的变化预测国家的军政大事，第二类是根据个人出生时刻的星象推测其一生的命运。对于上面两个术语，国内还没有统一译法，这里根据中国星象学的具体情况和古人的习惯用法，分别称之为占星术和星命术。占星术在中国渊源甚早，因事涉国家大事，一直是官方垄断的学问，禁止民间私习，违禁者施以重罚，甚至处死；星命术到唐代才开始形成，所占仅为个人的祸福穷通，与朝廷大政无碍，故广泛流传于民间，研习其术者甚多。现对占星术和星命术的起源与流变略加探究。

（1）占星术的兴起与发展。

上古时期，中华民族的先民生活在一个我们今天很难想像的奇异世界中。在他们的眼里，世界分成天、地、人等不同层次，而不同层次之间又是可以交流沟通的。在初期阶段，大概经历了一个"夫人作享，家为巫史"的阶段，家家都有巫师，人人都可通神，天和地、神与人之间的界限很模糊。随着阶级社会的产生和发展，统治者为了确立权威，逐步断绝了一般人民与天交通的权力，《尚书·吕刑》、《山海经·大荒西经》和《国语·楚语》等古籍中都提到的颛顼命令重、黎断绝天地的神话传说，反映的大约是这一事实。从此，通天成为统治者的专利，掌握着通天手段的巫师成为王者身边不可缺少的重要人物，而且王者本身往往也就是巫。巫师通天需要使用各种辅助手段，如借助山、树、鸟和其他动物、酒与药物等等。

在《史记·天官书》中，司马迁提供了一份"传天数者"的名单："昔之传天数者，高辛之前：重、黎；于唐、虞：羲和；有夏：昆吾；殷商：巫咸；周室：史佚、苌弘；于宋：子韦；郑则裨灶；在齐：甘公；楚：唐昧；赵：尹皋；魏：石申。"这份名单可以巫咸为界分为两部分，巫咸及其以上诸人都是上古传说中的人物，巫咸以下诸人在先秦史籍中可以得到印证，比较可信。重、黎之名，见于"绝天地通"的神话故事中，他们二人奉命举上天、抑下地，重司天以属神，黎司地以属民。至于奉何人之命，《尚书》说是"皇帝"，《山海经》说是"帝"，《国语》则说是颛顼。大体说来，在古籍记载中，重、黎是半神半人的人物，实际就是巫师，在与天交通的权力被垄断后，人如果想向天祈求什么便告诉黎，黎再通过重向天请求。对于重、黎的身世不可过于拘泥，从"重、黎氏世叙天地"等语可以推知，他们是世代相承的巫觋家族，可以视为古代专业化通天巫觋的始祖或首席代表。羲、和之名最早见于《尚书·尧典》："乃命羲和，钦若昊天，历象日月星辰，敬授人时。"羲、和和重、黎的身份一样，也是通天的巫师。昆吾据《史记·楚世家》也是重、黎家族中的成员，当然也是巫师。巫咸史籍中记载很多，有的神话色彩很浓，有的近似历史记载，其活动时代有黄帝时、神农时、帝尧时、殷中宗时之说。综合来看，巫咸是殷中宗太戊时的著名巫师，在当时曾发挥非常大的政治作用，从此以后，巫咸便成为上古巫觋的化身或代表，亦即成为巫觋的共名。史佚、苌弘、子韦、裨灶、甘公、唐昧、尹皋、石申诸人，除唐昧、尹皋外，《左传》、《国语》、《吕氏春秋》、《史记》等书对其言行均有记述，从中可以看出，他们或是通晓各种术数的专家，或是专业占星术士，相传甘公和石申还分别撰有《天文星占》和《天文》，这是已知最早的占星著作。

根据上述名单，可以看出，占星术在中国虽然早就萌芽，但形成一门系统的术数，当在周代。这与古代巫教本身的演变密切相关。在早期，巫师与天沟通，是借助一些事物和工具进行"直接"的交流，特别是处于迷幻中的精神契悟和对话，就像我们在处于较低的发展阶段的原始宗教中看到的那样。但是，随着文明的进化，人与神的沟通采取越来越"间接"的形式，巫的地位也发生剧烈分化，能"直接"与神交通的巫逐步沦落为下层社会成员，被纳入国家政治系统的宗教人员仍保持着较高的地位。可以设想，占星术就是在古代巫教的这种变化过程中产生的，成为"间接"地窥测上天意志的最重要的手段。甲骨文是中国现存最早的文字，其中有不少关于天象的记录，如《殷墟书契后编》下九·一卜辞云："七日己巳夕㽦症有新大星并火。"意思是说七日黄昏有一颗新星接近了大火星。可见，当时人对恒星坐标的划定以及基本行星的运行规律已有了相当认识。太阳是最引人注目的天体。迄今为止，发现了几片有日食记事的卜辞，如

> 贞翌己卯，乙卯不其易日，王占曰有祟，勿雨。
> 乙卯允明瞿，三自食日，大星。
> 癸酉贞：日夕又食，匪若？
> 贞：日又食。

从这些记录来看，当时的人对包括日食在内的天象变化虽然已有了深刻了解，但对这些现象所预示的吉凶还无固定看法，需要借助占卜加以判定，故尔当时的星象观测与后世将某种天象与某种吉凶对应起来的星占术还有一定距离。周取代殷以后，对商朝的巫教进行了改造，使巫教礼制化了。周人还以"天"代替了"帝"，赋予了天许多伦理道德内容，"天命"观念空前盛行起来，对天意的窥

测成为急迫任务，而天高无言，日月星辰的变化也就很自然地被视为上天表达自己意志的工具和手段，这为占星术的发展提供了基础。据研究，二十八宿和十二次的划分及其固定化，就是在西周时代完成的，周人还创造了太岁纪年法，用十二辰与十二次相对应。

春秋时期，占星术十分盛行。据不完全统计，《左传》、《国语》中关于星象的记载有四十余条，内容涉及岁星纪年法、分野说、云气说、二十八宿、五星、十二次、陨星、孛星、彗星、月晕、日食等，还记载了二十余位占星家对星象作出的解释。这些记载表明，此时的星象之占已脱离对占卜的依附而发展成为独立的占星术了。从《左传》记载的星占家的解释看，虽十分荒诞，却颇复杂圆通。如昭公十年记载，该年正月女宿出现了一颗新星，裨灶认为这是晋国国君将死的征兆，其理由是：今年岁在玄枵之次，玄枵对应颛顼的国土，这就是现在姜姓的齐国和任姓的薛国。玄枵于二十八宿为女、虚、危三宿，女宿就是玄枵三宿的前端。女宿出现妖星，这是对邑姜的警告。邑姜，是齐国始封之君姜太公的女儿，又是晋国始封之君唐叔的母亲，也就是晋君的祖母。因此，这颗妖星的警告是针对晋国的。周代之前，齐地的诸侯是逢公，他死在戊子日。妖星出现在齐地分野的星宿中，表明戊子日为灾难之日。天上星象的分布是以七为基数划分的，如二十八宿每方七宿之类，因此断定灾难在七月戊子日发生，既是对晋国先妣的警告，那一定是说她的子孙有难，因此断定应在晋君身上。这种论证方式，无异于痴人说梦，但却需要丰富的知识背景和高超的联想能力，非平庸的占星术士所能为。

战国到汉代，既是占星术大发展的时期，也是其最后定型的时期。最显著的特征，就是阴阳五行学说融入占星术中。这一时期出现了许多星占学著作，较早的有甘公的《天文星占》和石申的《天文》，二书早已亡佚，但后世占星著作中多有引述，使我们可以管中窥豹。《晋书·天文志》引石申论北斗七星之言说：

> 第一曰正星，主阳德，天子之象也。二曰法星，主阴刑，女主之位也。三曰令星，主中祸。四曰伐星，主天理，伐无道。五曰杀星，主中央，助四旁，杀有罪。六曰危星，主天仓五谷。七曰部星，亦曰

应星，主兵。

一主天，二主地，三主火，四主水，五主土，六主木，七主金。

很明显，石申的星占体系受了阴阳五行学说的很大影响。1973 年，在长沙马王堆汉墓中出土了一种记录占星术的帛书，共八千余字，定名为《五星占》，写作时代约在公元前170 年左右。据研究，书中保存了甘、石著作的部分内容。《五星占》分为木星、金星、火星、土星、水星、五星总论、木星行度、土星行度、金星行度九个部分，记述了关于五星的星象知识和星占意义。该书将五星纳入五行体系，反映了战国以来的普遍观念。阴阳五行理论之引入占星术，增强了占星术的解释能力和理论色彩。

尽管由于帛书《五星占》的发现，《史记·天官书》已由现存最早的占星著作的第一位落到第二位，但其重要性并未稍减。《天官书》首先介绍了五宫星宿的名目及其与人事的对应意义，以及部分星宿的占星意义，接着叙述了五星所属方位、五行、四季、十干、星占、行法、庙宿、异名等项内容，此后又介绍了二十八宿分野、日占、月占、妖星占、云气占、异常气象占、山川水泽建筑草木畜禽诸事物之占、候岁法、风占、五音占、太岁占等种种占法，最后总结星占学史。可以说，《天官书》是对战国以至汉初星占学的总结性著作。除《五星占》、《天官书》外，汉代流行的占星著作还有多种，《汉书·艺文志》著录有《太子杂子星》、《五残杂变星》、《黄帝杂子气》、《帝从日月星气》、《皇公杂子星》、《淮南杂子星》、《金度玉衡汉五星客流出入》、《汉五星彗客行事占验》、《汉日旁气行事占验》、《汉流星行事占验》、《汉日旁气行占验》、《汉日食月晕杂变行事占验》、《海中星占验》、《海中五星经杂事》、《海中五星顺逆》、《海中二十八宿国分》、《海中二十八宿臣分》、《海中日月彗虹杂占》、《宋司星子韦》等，均为占星之书，足见其时占星术之盛况。

《史记·天官书》还为后世正史开创了先例，其后《汉书》、《后汉书》、《宋史》、《南齐书》、《魏书》、《隋书》、《晋书》、《唐书》、《新唐书》、《五代史》、《新五代史》、《宋史》、《辽史》、《金史》、《元史》、《明史》、《清史稿》皆有天文专志，只是名称略有差异，多称《天文志》，也有称《天象志》、《司天考》、《历象志》者。此外，自班固《汉书》首创《五行志》，后史多仿之（个别有称

《灵征志》、《灾异志》者），其中有许多天象异变记录。

汉代以后，历代都设有专门机构（名称屡有更易，如称灵台、观星台、司天台、太史院、钦天监等）负责观察星象（如图十、图十一），为朝廷提供占星服务，使占星术一直延续下来。从现有资料来看，唐代以前，占星术的地位虽已不能与春秋、战国、秦汉比肩，但尚较受重视，新的占星著作不断出现。据《隋书·经籍志》等书记载，除各史天文、五行等志外，这一时期还有《石氏星簿经赞》、《星经》、《甘氏四七法》、《巫咸五星占》、《天文集占》、《天文要集》、《天文占》、《天文占气书》、《天文集要钞》、《天文书》、《杂天文横占》、《天文横图》等一百五十余种占星著作。唐代瞿昙悉达编纂的《开元占经》多达一百二十卷，是占星学方面的集大成著作。唐代后期以来，占星术急剧衰落，这方面的著作迅速亡逸，流传至今的只有《灵台秘苑》一种，还是经宋人重修的，内容仅有十五卷。《开元占经》也早已失传，所幸明代万历年间在一一尊古佛腹中发现该书，今天我们才能得窥其面目。皇家天文机构的人员虽然仍是"察天人、定历数、占候、推步"，举凡日月、星辰、风云、气色，均要测候，有变异需要奏闻，但只是奏报观察到的情况，很少结合时事进行解释，而且实际上他们对星占学知识已了解得很少。

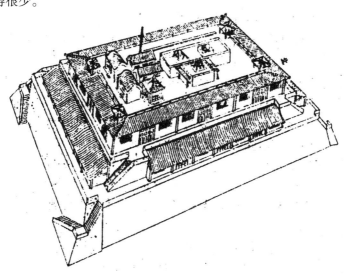

图十 元司天台布局复原图

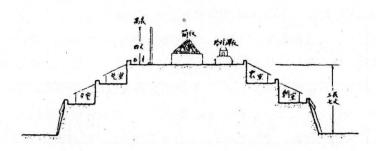

图十一　元司天台剖面图

（2）星命术的产生与流变。

中国人很早就产生关于"命"的信仰。在《论语》中，孔子非常肯定地说到"命"。《列子·力命篇》也肯定了命的作用，还借"命"之口罗列了"彭祖之智，不出尧舜之上，而寿八百，颜渊之才，不出众人之下，而寿四八"等等以证实命的不可抗拒性。《墨子·非命篇》引述当时信命者之言说："命富则富，命贫则贫；命众则众，命寡则寡；命治则治，命乱则乱；命寿则寿，命夭则夭；虽强劲何益哉？"墨子不相信命，对上述说法予以尖锐的讥刺批判，但在当时，墨子只是少数派，大多数人坚信上到天下治乱兴亡下到一己穷通寿夭都是由命决定的，人不可能改变命。这种观念代代相传，深入人心。

既然存在命的信仰，也就必然产生推断命的技术。《史记·日者列传》云："夫卜者多言夸严，以得人情；虚高人禄命，以说人志。"可见当时社会上活跃着一批为人推算禄命的卜者，这些人同后世的江湖术士一样，或危言耸听，或阿谀奉承，以倾动人心。至于卜者推算禄命所使用的方法，《史记》未言，大约或是依据《周易》布卦推算，或是据人之骨相推断。东汉王充在《论衡》中对许多术数和迷信现象进行了批判，但却非常相信命，认为"凡是遇偶及遭累害，皆由命也。有死生寿夭之命，亦有贵贱贫富之命，自王公逮庶人，圣贤及下愚，凡有首目之类，含血之属，莫不有命"。该书许多篇中都阐述了这一看法，列举了大量例证。怎样窥知命呢？王充认为，"国命系于众星"，国家的命可从星象中推知；帝王一类的禀受了贵命的人，也往往也可以从一系列吉兆中获知；更根本、并且也适用于一切人的方法，是察看其骨相。三国时代的管辂是著名术数家，据说他曾多次为人推算寿数，前后过百人，都很准确，他还推断自己"本命在寅，加日食夜生，天有常数不可得讳"。

总起来说，中国虽然久已产生了推断个人之命的方法，但未形成系统的算命术。星命之学在中国的兴起是佛教传入造成的。三国时代以后，佛教传播势头十分迅猛，影响日大，其轮回转世思想与命有相通之处。传统的命观认为"命者天之命也，非人为也"，佛教则认为今世的人生命运已根据前世的造作在出生时决定，二者都主张人一生的荣辱、穷通、贫富、贵贱、寿夭已然前定。轮回观念和旧有的命的观念融合在一起，必然大大加强了社会上命的信仰，在这种背景下，大约在南北朝时期，在西方流传已久的七曜术从印度或西域传入，影响中土最烈者，就是其中包含的星命术。

所谓"七曜"，是指日、月及金、木、水、火、土五大行星，也就是中国古人所习称的"七政"。印度在这七个天体之外，还假想了罗睺和计都两个天体，它们实际上是天球上黄道与白道的两个交点。罗睺、计都属于"隐曜"，与七曜合在一起，称为"九曜"。九曜之外，还有所谓十一曜，再加上紫牙和月孛两个假想天体。据《后汉书·律历志》记载，常山长史刘洪在熹平三年（公元174年）作《七曜术》，可见此术汉末已入中国，但其盛行，是在南北朝时期。《隋书·经籍志》著录有《七曜本起》、《七曜小甲子元历》、《七曜历术》、《七曜要术》、《七曜历法》、《推七曜历》、《陈永定七曜历》、《陈天嘉七曜历》、《陈天康二年七曜历》、《陈光大元年七曜历》、《陈光大二年七曜历》、《陈太建年七曜历》、《陈至德年七曜历》、《陈祯明年七曜历》、《开皇七曜年历》、《仁寿二年七曜历》、《七曜历经》、《七曜历数算经》、《七曜历疏》、《七曜义疏》、《七曜术算》、《七曜历疏》共二十二种。唐宋时代，七曜术仍在继续流传，《宋史·艺文志》中还著录了不少新的七曜术著作。随着宋朝的衰亡，七曜术也消亡了。

毫无疑问，七曜术包括历法知识，上面所列《隋志》书目大多是历法方面的。但是，中国本土早就有历法，七曜历又未必比中国传统历法高明，因此七曜术中吸引中国人的内容不是历法，而是星命学，就是按人出生时星宿所在黄道十二宫的位置推算人的禄命。北魏殷绍是中土通晓七曜术的早期人物之一，所撰《四序堪舆》大行于世，据《魏书·殷绍传》记载，其书"上至天子，下至庶人，又贵贱阶级，尊卑差别，吉凶所用，罔不具备"，显然包括星命学内容。唐代来华的僧人不空（梵名阿月怯跋折罗）是著名佛经翻译家，所译佛经现保存在佛藏中者就有近二百种，其中《佛母大金曜孔雀明王经》和《文殊师利菩萨及诸仙所说吉凶日善恶宿曜经》是关于七曜术的书籍，《宿曜经》开篇就说："夫七曜，日、月、五星也。其精上曜于天，其神下直于人，所以司善恶而主理吉凶也。其行一日一易，七日一周，周而复始。"概括了星命术的基本原理。在唐代，谈命学者多以此为据。如韩愈《三星行》说："我生之辰，月宿南斗，牛奋其角，箕张其口。"杜牧自撰墓志铭也说："余生于角星昴毕，于角为第八宫，日病厄宫，亦曰八杀宫，土星在焉。火星继木星宫……土、火还死于角，宜哉。"可见此术在当时影响甚广，文人学士多能通晓。宋代七曜术依然流行，但人们已不知其来源。晁公武《郡斋读书志》卷十四云："《秤星经》三卷，以日月五星、罗喉、计都、紫牙、月孛十一曜，演十二宿度，以推人之贵贱寿夭休咎。不知其术之所起，或云天竺梵学也。"在唐宋时代，还流传着一种"聿斯经"。据宋《王应麟集》记载："土星行历推人命贵贱，始于唐贞元初都利术上李弼乾，传有《聿斯经》，本梵书。"郑樵《通志》卷六十八亦云："贞元初，有都利术士李弼乾将（聿斯经）至京师，推卜一星行历，知人命贵贱。"所谓都利，据元吴莱解释："都利盖都赖也，西域康居城当都赖水上。"吴莱之言聊备一说，其实古时中国人的西域概念十分广阔，往往将印度包括在内，《聿斯经》既为梵文，从印度直接传来也未可知。《新唐书·艺文志》著录此类作品有《都利聿斯经》、《聿斯四门经》两种，《宋史·艺文志》著录有《都利聿斯经》、《聿斯四门经》、《聿斯歌》、《聿斯经诀》、《聿斯都利经》、《聿斯隐经》、《安修睦都利聿斯诀》、《聿斯妙利安旨》八种，其他书籍中也有零星著录。可见聿斯经在唐德宗年间传入后，也曾一度兴盛。由于聿斯经一类作品全部逸失，今天已难知其全貌，从"推十一星（即日、月、五星、罗喉、计都、紫牙、月孛）行历知人命贵贱"来看，当与七曜术类似，很可能属于七曜术之旁支，也和七曜术一起在宋末消亡。在南北朝时期，与星命学流行同时，还出现了一种以中国本土的阴阳五行学说为依据的算命术，称为"三命术"。相传南朝梁陶弘景著有《三命抄略》一书，临孝恭有《禄命书》。到唐代，三命术获得迅速发展，作出最大贡献的人物是李虚中。据韩愈《韩昌黎文集·李虚中墓志铭》说，他"深于五行书，以人之始生年月日所值日辰枝干，相生相衰死相王斟酌，推人寿夭、贵贱利不利，辄先起其年时，百不失一二"。可见李虚中是用出生年月的干支推算五行的生克等现象，已构成一整套系统方法。五代时的徐子平将算命术发展得更加复杂和完备，因此算命术也被称为"子平术"。他确定了就人出生的年月日时四项立论，四项各有一对干支，共有八字，自此算命术也被称作"批八字"。据说传世的《明通赋》、《渊海子平》等书就是徐子平的作品。进入宋代以后，批八字的算命方法日趋兴盛，印度传入的星命学日趋式微，但其部分内容溶入算命术中。算命术受到各阶层人士的信奉，社会上活动着一大批以此为职业的人，阐述算命术的书籍层出不穷，直到现在犹未完全断绝。

星官：想象的空间

卡西尔指出，"最早的天文学体系的空间不可能是一个单纯的理论空间"，而是"一个想象的空间，是人类心灵的一种虚构"。正因为是"想象"和"虚构"，相同的天空在不同的民族和文化中便有了不同的意义，交替的日月表达了不同民族各自的期冀与恐惧，灿烂的群星诉说了不同民族各自的神话和梦想。从天空中，可以读出不同民族的文化传统、精神风貌，探求不同民族的思维模式和心理结构。早在公元前 270 年前后，古希腊人就把所能见到的部分天空划分为 48 个星座，用假想的线条将星座内的主要亮星连起来，想象为动物或人的形象，并结合神话故事给它们起了适当的名字。因用动物命名的很多，故有"空中动物园"之称，这些动物星座往往通过神话故事与以英雄命名的星座联为一体。面对浩茫苍穹，希腊人可以讲出整套的神话故事。如武仙座为大英雄赫剌克勒斯，他是天神宙斯和美女阿尔克墨涅生的，神后赫拉知道后，派两条巨大的毒蛇爬进摇篮，缠住赫剌克勒斯，被赫剌克勒斯杀死。赫拉很不甘心，又设置了十二道难关，但赫剌克勒斯有勇有谋，一一闯过难关，立下赫赫功勋。为了表彰他的业绩，宙斯在天上给了他一个星座，这就是武仙座，还把被他除掉的几只猛兽放在边上以为陪衬，其中有墨涅亚巨狮（狮子座），许德拉九头蛇怪（长蛇座），狂暴凶残的野牛（金牛座），巨大有毒的蟹子（巨蟹座）等。透过希腊人在天空构筑的神话世界，我们可以看到希腊人的浪漫气质，对英雄和力量的崇敬，对人的个性的张扬。

而当我们回到中国先民眼中的星空，就会发现这是一个与希腊迥然不同的天界。这里缺少希腊人那样的完整的神话，但在总体布局上，却要规整得多。希腊人顾及到故事的完整，却未将整个天象纳入一个架构中，星象体系的整体结构显得庞杂无序。中国人却致力于在天上建立一个等级分明的世界，把整个天象都纳入一个组织严密的架构中。因而，可以说，中国的想象的空间反映了中国人重视秩序的特性。

（1）"星座有尊卑，故曰天官"。

希腊人将天空划分为若干星座，中国人则划分为若干星官。星座是有着明确边界的一片天区，星官则是没有明确边界的一组恒星，数目多少不等，多者达几十颗，少者仅一颗。星座的范围较大，所以希腊人用数十个星座就包罗了他们可以看到的星空，而中国人却把星空划分为数百个星官。

中国人也曾把星空想象为动物的形状。从 1987 年在濮阳西水坡 45 号墓出土的龙虎贝塑看，从很早的时候起，人们已经开始用苍龙、白虎一类的形象来表现天象了。大约从商代开始，人们已经把天象分成四个部分，把春季黄昏时出现在东方的星想象成龙的形状，西方的星想象成虎的形状，南方的星想象成鸟的形状，北方的星想象成龟蛇的的形状，通称为"四象"，也叫"四维"、"四陆"或"四兽"（如图十二）。不过，中国人把四方的星空想象成动物，大约并不像希腊人那样是来源于神话或象形手法，而是来源于四方观念，后来兴起的五行观念又与四方观念结合在一起。《三辅黄图》卷三说："苍龙、白虎、朱雀、玄武，天之四灵，以正四方"，反映的正是这种观念。苍、白、朱、玄与东、西、南、北形成固定的对应关系。《吕氏春秋·有始》谓"天有九野"："中央曰钧天，东方曰苍天，东北曰变天，北方曰玄天，西北曰幽天，西方曰颢天，西南曰朱天，南方曰炎天，东南曰阳天。"是在上述对应关系的基础上进一步细密化了。

《史记·天官书》是现存最早的星象学著作之一，其注释对为何称为"星官"进行了解释。司马贞《索隐》云："天文有五官。官者，星官也。星座有尊卑，若人之官曹列位，故曰天官。"从中我们明确知道中国的天象划分与人世间的政治制度有着密切关系。于是，我们就看到了这样一些星官的名字：帝座、侯、五诸侯、五帝内座、四帝座、天皇大帝、太子、内五诸侯、诸王、女御、宗人、宗正、宦者、天将军、郎将、郎位、骑官、四辅、柱下史、女史、尚书、三公、谒者、三公内座、九卿内座、天相、相、大理、土司空、骑阵将军、虎贲、车骑、土公吏，等等。还有一些星官是以人物、土地、器物、建筑物、动植物命名的，这些多是为满足王公贵族官僚们的衣食住行的需要而安排的。正如张衡所说，

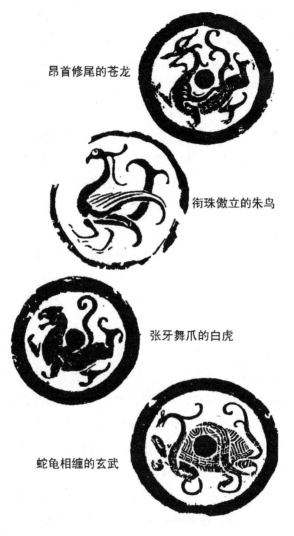

昂首修尾的苍龙

衔珠傲立的朱鸟

张牙舞爪的白虎

蛇龟相缠的玄武

图十二　西汉神纹瓦当

"众星布列，体生于地，精成于天，列居错峙，各有所属，在野象物，在朝象官，在人象事"。天上的等级结构正是地上的等级社会的反映。

中国的星官体系如此规整，恐怕出于专门的星象学家的刻意安排。顾炎武在《日知录》中推断："三代以上，人人皆知天文。'七月流火'，农夫之辞也；'三星在户'，妇人之语也；'月离于毕'，戍卒之作也；'龙尾伏辰'，儿童之谣也。"在巫教信仰的时代，人们都比较关心天象，懂得一些星象知识是可能的。随着星象学日趋繁杂，成为一般人所难以掌握的学问，社会上便出现了一些专职星象学家。春秋战国时代，在各国的宫廷中就活动着不少著名星象学家，《史记·天官书》中提到的，就有宋国的子韦、郑国的裨灶、齐国的甘公、楚国的唐昧、赵国的尹本、魏国的石申等。甘公一说名甘德，是战国时楚国人，著有《天文星占》八卷；石申又名石申夫，著有《天文》八卷。宋、明以来，常将二人并举，其著作合称《甘石星经》。不过，二人的著作早已亡逸，唐代瞿昙悉达所著《开元占经》中虽屡屡称引甘、石之言，但是否保持了甘、石原貌，或者说是否出于后人伪托，学术界尚无定论。可以肯定的是，甘、石等星象专家此时已对星象进行系统整理，也做了大量为恒星命名或重新命名的工作。《史记·天官书》就反映了先秦以至汉初的星象学成果。

魏晋时期，先担任吴国太史令、吴亡入晋仍任太史令的陈卓，对古代的星官和星图进行了搜集、汇总工作，"始立甘、石、巫咸三家星官，著于图录，并注占赞，总二百五十四官，一千二百八十三星，并二十八宿辅官附坐一百八十二星，总二百八十三官，一千五（当为四）百六十五星"。可惜的是，陈卓整理汇总的这些文献也失传了，但其主要成果被吸收进《开元占经》之中。本世纪初发现的敦煌文书中，有一份唐代的星图（现藏大英博物馆），它按照每月太阳所在位置将黄道——赤道带上的恒星分为十二段即十二次，依次绘出，最后再将北极附近的群星另绘一幅圆形的图。图中十二次的起止度数与《晋书·天文志》所记陈卓的度数完全吻合，可见其中有传承关系。图中的星分别用三色绘出，每一种颜色代表一家之星，甘氏用红色，石氏用黑色，巫咸氏用黄色。

《开元占经》是唐代著名星占学大师瞿昙悉达奉敕编纂，成于开元六年（公元718年），凡一百二十卷，是对前此星象学知识的集大成总结，它引用的许多古书后皆亡逸。在它之后，也未再出现堪与之相比的同类著作。可以说，《开元占经》是现存的星象学著作中最重要的一种。

（2）三垣二十八宿。

1978年，在湖北随县擂鼓墩发现的战国早期曾侯乙墓中，出土了一个漆箱盖，盖面中间是一个"斗"字，它的周围是古代二十八宿的名称，并且在盖面的两端绘有头尾方向相反的青龙和白虎图像（如图十三），可见早在公元前5世纪时，就已形成了二十八宿的天象体系。现存最早的星象专著《史记·天官书》把天象进一步归纳为五大部分，分别称之为中宫、东宫、南宫、西宫、北宫。北极附近的星属于中宫，其他二十八宿则分别属于东、西、南、北四宫，并分别冠以苍龙、咸池、朱雀、玄武之名。咸池是神话中日浴之处，《淮南子·天文训》有"日出于旸谷，浴于咸池"之说，日落在西方，故《天官》书用以指称西宫。更为普遍的情况是，不称咸池而称白虎。《天官书》的这种指称为四灵起源于方位提供了一个佐证。

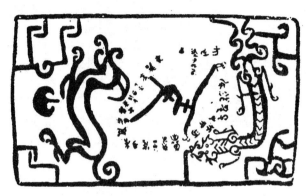

图十三　二十八宿漆箱盖（摹本）

大约在隋唐之间，出现了一部名为《步天歌》的作品，它按照陈卓所定星官，用七言韵语历叙天上1464颗恒星的位置。因其用语浅近，容易记诵，流传民间，影响很大。在天象的划分上，这部作品与《史记·天官书》有所不同。它将天象划分为"三垣二十八宿"。三垣就是把环绕北极和接近头顶上空的恒星群分成三个大区，分别叫紫微垣、太微垣和天市垣，范围已远比《天官书》的中宫扩大。二十八宿分属四方，与《天官书》中的东宫、南宫、西宫、北宫大略相当，但又不完全相等，如《天官书》中的东宫将天市垣包括在内。它们是：东方七宿：角、亢、氐、房、心、尾、箕；北方七宿：斗、牛（牵牛）、女（须女或婺女）、虚、危、室（营室）、壁（东壁）；西方七宿：奎、娄、胃、昴、毕、觜（觜觿）、参；南方七宿：井（东井）、鬼（舆鬼）、柳、星（七星）、张、翼、轸。各宿所包含的恒星都不止一颗，而是相邻的若干颗恒星的组合，所谓角、亢……翼、轸云云，只是各宿的代表性星座。二十八宿从角宿开始，由西向东排列，与日、月视运动的方向相同，实际上是把赤道附近的一周天由西而东地分成二十八个不等分的星座（如图十四）。

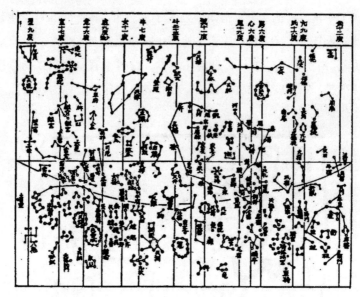

图十四　苏颂浑象东北方中外官星图（摹本）

《步天歌》以后，"三垣二十八宿"的划分法成为中国古代星空划分的标准方法，直到现代天文学在中国出现，才最终废弃不用。下面对三垣二十八宿分别简介一下。

三垣包括紫微垣、太微垣和天市垣。紫微垣是三垣的中垣，位于北斗之北（如图十五），大体上包括现在的小熊、大熊、天龙、猎犬、牧夫、武仙、仙王、仙后、英仙、鹿豹等西方星座。紫微垣共有三十七星官，即北极、四辅、天乙、太乙、左垣、右垣、阴德、尚书、女史、柱史、御女、天柱、大理、勾陈、六甲、天皇大帝、五帝内座、华盖、传舍、内阶、天厨、八谷、天陪、天床、内厨、文昌、三师、太尊、天牢、太守、相、三公、玄戈、天理、北斗、天枪。其中以北极为中心，左垣八星：左枢、上宰、少宰、上弼、少弼、上卫、少卫、少丞为东藩；右垣七星：右枢、少尉、上辅少辅、上卫、少卫、少丞为西藩。二者环抱成垣，像屏藩的形状。左枢与右枢之间似关闭之状，叫闻阖门。

太微垣是三垣的上垣，在北斗之南，翼、轸、角、亢四宿之北，大体上相当于现在的室女、狮子和后发等西方星座的一部分。太微垣共有二十星官，即谒

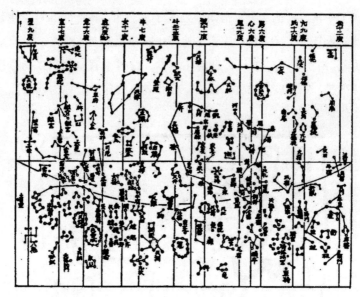中国古代智道丛书
天地智道

积阳为天　积阴为地

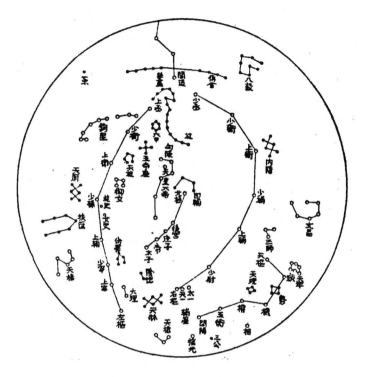

图十五　苏颂浑象紫微垣星图（摹本）

者、三公、九卿、五诸侯、内屏、五帝内座、幸臣、太子、从官、郎将、虎贲、常陈、郎位、右垣、左垣、明堂、灵台、少微、长垣、三台。其中以五帝座为中心，左垣五星：左执法、上相、次相、将、上将为东藩；右垣五星：右执法、上将、次将、次相、上相为西藩。二者像屏藩的形状。左执法和右执法又合称南藩二星，两星中间叫端门。

　　天市垣是三垣的下垣，在房、心、尾、箕四宿之北，紫微垣之东南，大体上相当于现在的武仙、巨蛇、蛇夫等西方星座的一部分。天市垣共有十九星官，即右垣、左垣、市楼、车肆、宗正、宗人、宗、帛度、屠肆、侯、帝座、宦者、列肆、斗、斛、贯索、七公、天纪、女床。其中以帝座为中心，左垣十一星：宋、南海、燕、东海、徐、吴越、齐、中山、九河、赵、魏为东藩；右垣十一星：韩、楚、梁、巴、蜀、秦、周、郑、晋、河间、河中为西藩。二者环抱成垣，像屏藩的形状。

二十八宿分属四方。东方七宿之首为角宿，由室女座的两颗星组成，分别叫做李和将，与属于亢宿的大角（牧夫座α）联结起来，形似兽角。第二宿为亢宿，由室女座的四颗星组成，状如弯弓。第三宿为氐宿，由天秤座的四颗星组成，跨黄道南北，又叫“天根”。第四宿为房宿，由天蝎座的四颗星组成。第五宿为心宿，由天蝎座的三颗星组成，中央火红色大星宿二（天蝎座α）又称“火”、“大火”，三星联结呈大角度三角形，略似屋顶。第六宿为尾宿，由天蝎座的九颗星组成，又叫“天鸡”。第七宿是箕宿，由人马座的四颗星组成，状似簸箕，又叫“南箕”、“天汉”。古人把东方七宿联结起来，想象成龙的形状（如图十六），亢宿是龙颈，氐宿是龙胸，房宿是龙腹，心宿是龙心，尾宿和箕宿是龙尾。

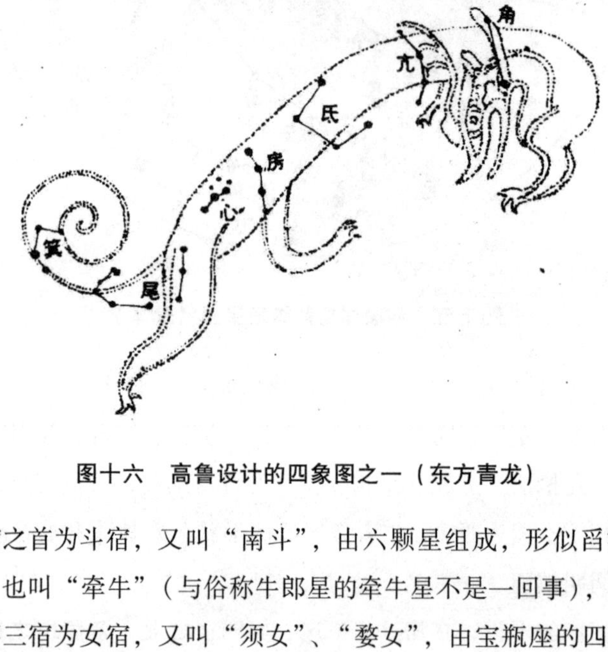

图十六 高鲁设计的四象图之一（东方青龙）

北方七宿之首为斗宿，又叫“南斗”，由六颗星组成，形似舀酒的斗形。第二宿为牛宿，也叫“牵牛”（与俗称牛郎星的牵牛星不是一回事），由摩羯座的六颗星组成。第三宿为女宿，又叫“须女”、“婺女”，由宝瓶座的四颗星组成，状如簸箕。第四宿为虚宿，又叫“天节”，由宝瓶座的一颗星和小马座的一颗星组成，一上一下如连珠。第五宿为危宿，由宝瓶座的一颗星和飞马座的两颗星组成，上一星高，旁二星下垂，像盖屋的样子。第六宿为室宿，又叫“营室”、“玄冥”、“定星”，由飞马座的两颗星组成。第七宿为壁宿，也叫“东壁”，由飞马座的一颗星和仙女座的一颗星组成，与室宿构成一个大四方形，状似嘴，故又称“鲰觜”，意为哑鱼之口。古人把北方七宿联结起来，想象成龟蛇的形状（如图十七），斗宿和牛宿是蛇身，女宿兼为龟、蛇之身，虚宿、危宿、室宿和壁宿是龟身。

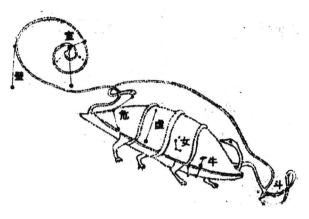

图十七　高鲁设计的四象图之二（北方玄武）

西方七宿之首为奎宿，也叫"天豕"、"封豕"，由仙女座的九颗星和双鱼座的七颗星组成，形如破鞋底。第二宿为娄宿，由白羊座的三颗星组成。第三宿为胃宿，也由白羊座的三颗星组成。第四宿为昴宿，处于西方四宿的中央，由金牛座的七颗星组成。第五宿为毕宿，也叫"天口"，由金牛座的八颗星组成，像一支带 I 司的叉子。第六宿为觜宿，又叫"觜觿"，由猎户座的三颗星组成，形似鼎足。第七宿为参宿，由猎户座的七颗亮星组成，其中三颗星光亮耀目，并且连成一线。古人把西方七宿联结起来，想象成虎的形状（如图十八），奎宿是虎尾，娄宿、胃宿、昴宿、毕宿是虎身，觜宿是虎头、虎须，参宿是虎的前肢。

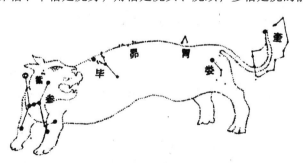

图十八　高鲁设计的四象图之三（西方白虎）

南方七宿之首是井宿，又叫"东井"，由双子座的八颗星组成。第二宿为鬼宿，又叫"舆鬼"，由巨蟹座的四颗星组成。第三宿为柳宿，也叫"天相"、"八臣"，由长蛇座的八颗星组成。第四宿为星宿，也叫"七星"，由长蛇座的四颗星组成，形似钩。第五宿为张宿，由长蛇座的六颗星组成。第六宿为翼宿，也叫"鹑尾"，由巨爵座和长蛇座的二十二颗星成。第七宿为轸宿，也叫"天车"，由乌鸦座的四颗星组成。古人把南方七宿联结起来，想象成鸟的形状（如图十九），井宿是鸟首、鸟冠，鬼宿是鸟目，柳宿是鸟喙、鸟头、鸟嘴，星宿是鸟颈、鸟心，张宿是鸟嗉、鸟胃，翼宿是鸟翼、鸟翮，轸宿是鸟尾。

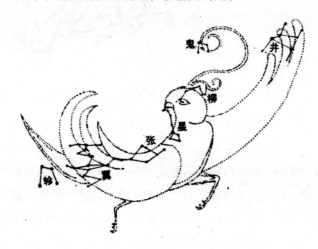

图十九　高鲁设计的四象图之四（南方朱雀）

（3）五纬、十二次、十二辰。

三垣二十八宿皆为恒星，古人称为"经星"。除地球外，太阳系的九大行星中，古人用肉眼可以观察到的有五颗，这就是金、木、水、火、土五大行星，由于它们按照一定周期出现，遵循一定轨道运行，故被称作"纬星"。五纬星又与日、月合称"七政"，也叫"七曜"。《尚书·尧典》有"在璇玑玉衡，以齐七政"之语，在占星术中，七政的功用最为重要。

金星又叫"太白"、"明星"、"启明"、"长庚"，光色银白，是除太阳、月亮之外最亮的星体，故称太白、明星。金星是运行轨道在地球轨道之内的内行星，从地球上来看，它总是跟随太阳的前后东升西落，黎明的时候出现在东方，叫启明星，黄昏的时候出现在西方，叫长庚星。

　　木星习称"岁星"。古人认为，木星每十二年运行一周天（实际是 11.86 年），故先秦时代曾用以纪年。人们把黄道（太阳在恒星之间运行的轨迹）附近的一周天的空间，由西向东分为十二个单位，叫做十二次，每次都有专名。木星每年行经一次，故可用来纪年，如木星运行到玄枵范围，这一年就叫"岁在玄枵"。岁星纪年法实际运用起来很不方便，于是古人假想出一个天体，叫做"太岁"，它的运行速度与木星相同，运行方向却与木星相反；同时，把周天自东向西等分为十二个单位，叫做十二辰，每辰以一个地支命名。十二次与十二辰次序相反，如木星运行到玄枵时，太岁运行到大火，大火与卯对应，这一年就叫"太岁在卯"。战国以来，人们还将十二次和二十四个节气相对应，十二个节气是各次的起点，十二个节气是各次的中点，如星纪的中点相当于冬至点，降娄的中点相当于春分点等，十二次又可用以纪月了。此外，十二次与二十八宿也对应起来（如图二十）。

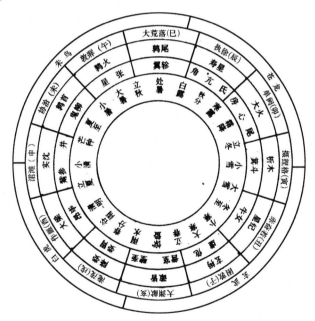

图二十　四象、十二辰、十二次、二十八宿，二十四节气对照图

　　水星又叫"辰星"。古人把周天自东向西划分为十二辰，水星是内行星，距

太阳最近，常在太阳左右一辰之内，故名。又《史记·天官书》索引则说："辰星正四时之位，得与北辰同名也。"

火星又叫"荧惑"，其光呈红色，像火，亮度常有变化，从地球上看其运行方向也有变化，使人捉摸不定，故称荧惑。

土星又叫"镇星"或"填星"。它二十八年运行一周天，每年恰好经过二十八宿之一宿，好像镇守着二十八宿星区一样，故名。

（4）分野：星象与地域的对应。

分野是中国古代星象学中的重要概念。前已指出，我国先民并不把星辰看作纯客观的事物，而是认为天人相合，天人感应，星象的变化与人间的吉凶有密切联系。但是，蓝天浩渺，大地辽阔，"天垂象"会在哪里"见吉凶"呢？不解决这个问题，占星术的功用就会受到限制。于是，人们逐步把天上的某一部分星宿与地上的某一地区对应起来，这种和天上星宿对应的地区划分就叫做分野。

分野观念具有悠久渊源。有的学者认为，"我们祖先把天河拟为地上的汉水，把它叫做天汉或河汉；加尔底亚古代则把银河拟为底格里斯和幼发拉底两大河，所以分野的观念，可以说是起源于原始时代"。《左传》昭公元年记载了这样一则传说：高辛帝的儿子阏伯和实沈分别被迁徙到东边的商丘和西边的夏，分别主管大火星和参星。因此，大火星成为"商星"，参星成为"晋星"，人们根据它们的变化分别预测或解释商丘（后为宋国地域）和夏（后为晋国地域）的事变或祸福。这则传说表明，古人很早就有了"分野"观念。《周礼·春官宗伯》记载，保章氏"掌天星以志星辰日月之变动，以观天下之迁，辨其吉凶。以星土辨九州之地，所封封域，皆有分星，以观妖祥"。可见，保章氏是负责观测天象、记录天象，解释星象变异吉凶的官员，"分野"是他的工作所依据的主要原则之一。

由于星象学内容繁杂，各家学说时有歧异，分野的对应法也有数种。《名义考》说：

> 古者封国，皆有分星，以观妖祥。或系之北斗，如魁主雍；或系二十八宿，如星纪主吴越；或系之五星，如岁星主齐吴之类。有土南而星北，土东星西，反相属者何耶？先儒以为受封之日，岁星所在之辰，其国属焉。吴越同次者，以同日受封也。

中国古代智道丛书

天地智道

积阳为天　积阴为地

由此可见，分野法有三种：第一，以北斗七星中的某星为分星，如斗魁（北斗第一星）被认为主雍地；第二，以二十八宿中的某宿为分星，如由斗、牛等星构成的星纪被认为主吴越；第三，以金、术、水、火、土五大行星中的某星为分星，如岁星（木星）被认为主齐吴。

此外，还有其他一些分野法。如李淳风《乙巳占》卷三引《诗纬推度灾·国次星野》，对应关系如下：

> 郜国：结蝓之宿；鄜国：天汉之宿；卫国：天宿斗、衡；王国：天宿箕、斗；郑国：天宿斗、衡；魏国：天宿牵牛；唐国：天宿奎、娄；秦国：天宿白虎，气生玄武；陈国：天宿大角；邻国：天宿招摇；曹国：天宿张、弧。

又如《开元占经》卷六十四引《荆州占》，将月份与地区对应起来，称"月所主国"。其对应关系如下：

> 正月：周；二月：徐；三月：荆；四月：郑；五月：晋；六月：卫；七月：秦；八月：宋；九月：齐；十月：鲁；十一月：吴、越；十二月：燕、赵。

《淮南子》和《汉书·天文志》中还有将十天干与十区域相配的分野说，有人认为它与一度流行中原的十月历有关，看来也是将月份与地区对应，只不过流行时间更古远。还有人以《洛书》为据，将二十八宿与天下二十八处名山大川对应起来。

在这些形形色色的分野理论中，占主流的是以十二次与二十八宿为分星，其他或早被弃置不用，或仅供参考。十二星次分野系统是以列国名称与十二次相对应，其对应关系见于《周礼·春官宗伯·保章氏》郑玄注：

> 星纪：吴、越；玄枵：齐；娵訾：卫；降娄：鲁；大梁：赵；实沈：

晋；鹑首：秦；鹑火：周；鹑尾：楚；寿星：郑；大火：宋；析木：燕。

二十八宿分野系统最早也是以列国名称与二十八宿相对应，《淮南子·天文训》中记其对应关系如下：

郑：角、亢；宋：氐、房、心；燕：尾、箕；越：斗、牛；吴：女；齐：虚、危；卫：室、壁；鲁：奎、娄；魏：胃、昴、毕；赵：觜、参；秦：井、鬼；楚：翼、轸。

大约在先秦以后，由于列国消亡，天下一统，占星术士便用各州以代列国，《史记·天官书》中记有其对应关系：

兖州：角、亢、氐；豫州：房、心；幽州：尾、箕；扬州：斗、牛、女；青州：虚、危；并州：室、壁；徐州：奎、娄、胃；冀州：昴、毕；益州：觜、参；雍州：井、鬼；三河：星、张；荆州：翼、轸。

《史记·天官书》与《淮南子·天文训》的对应基本相同，只不过吴、越同属扬州之域，故《史记》将二者合并起来。两书唯一的不同，是《淮南子》以角、亢二宿对应郑，氐宿与房、心二宿对应宋，而《史记》则以角、亢、氐三宿对应兖州。出现这种差别，是因为在将十二次与二十八宿对应时，两者并不能完全相合，比如寿星跨越轸、角、亢、氐四宿，其中包括角、亢全部，轸、氐二宿却只有部分星在寿星内，氐的另一部分在大火中，寿星对应郑、兖州，大火对应宋、豫州，故尔氐宿即可划入寿星以对应郑、兖州，亦可划入大火以对应宋、豫州。《开元占经》所载分野与上述分野的个别歧异，亦因此故。

在现存古籍中，《晋书·天文志》记载的分野体系最精致、最规范。它将十二次、十一辰、二十八宿、列国、十二州一一对应，而且考虑到了宿与次不完全吻合的情况。下面宿名右下角的数字，表示该宿在数字所示的度数处被分割，如寿星，从轸宿十二度始，经角宿和亢宿全部，到氐宿四度止。

寿星	辰	郑	兖州	轸$_{12}$、角、亢、氐$_4$
大火	卯	宋	豫州	氐$_5$、房、心、尾$_9$
析木	寅	燕	幽州	尾$_{10}$、箕、斗$_{11}$
星纪	丑	吴越	扬州	斗$_{12}$、牛、女$_7$
玄枵	子	齐	青州	女$_8$、虚、危$_{15}$
娵訾	亥	卫	并州	危$_{16}$、室、壁、奎$_4$
降娄	戌	鲁	徐州	奎$_5$、娄、胃$_6$
大梁	酉	赵	冀州	胃$_7$、昴、毕$_{11}$
实沈	申	魏	益州	毕$_{13}$、觜、参、井$_{15}$
鹑首	未	秦	雍州	井$_{16}$、鬼、柳$_8$
鹑火	午	周	三河	柳$_9$、七星、张$_{16}$
鹑尾	巳	楚	荆州	张$_{17}$、翼、轸$_{11}$

此外，《晋书·天文志》不仅列出了诸种对应关系，还列出了该对应区域内的主要州郡，给出每一州郡所对应的各宿的度数，使分野理论极度精致化。此后，历代王朝大多根据本朝行敢区域的设置，编制相应的分野书籍，到明朝洪武年间，朱元璋还命修纂《大明清类天文分野书》，详列各府州分野。

天之象与人之运：占星与星命

（1）占星术的基本原理。

占星术是根据星象变化以预测国家军政大事之吉凶。在相信天人感应的古代中国人看来，天上的一切变化都是天意的象征和显现，所以被赋予占星术意义的天象极多。下面分为日、月、五星、恒星、彗星流星、瑞星妖星、大气现象等占星类别，简述如下。

①日占。

占星术是为军国大政服务的，而人君是军国大政的最高决策者，一身所系，关乎天地神人宗庙社稷，故在占星术中，常以天空中最明亮的天体太阳比拟人君，正如《晋书·天文志》所说："日为太阳之精，主生养恩德，人君之象也。"太阳的种种变化，受到占星家的特别关注，其中日食被视为最严重的天象灾变。

在星占学著作中，日食的意义大体上可以划分为三类：

第一类，说明君主的大权旁落。《晋书·天文志》说："日蚀，阴侵阳，臣掩君之象。"《乙巳占》说："大臣与君同道，逼迫其主，而掩其明。"这是说臣下擅权，蒙蔽君上。纬书《春秋感精符》还将威权旁落细分为三种情况："日蚀有三法，一曰：妃党恣，邪臣在侧，日黄无泽，则日以晦蚀，其发必于眩惑。二曰：偏任权并，大臣擅法，则日青黑，以二日蚀，其发必于酷毒。三曰：宗党犯命，威权害国，则日赤郁怏无光，则日以朔蚀，其发必于嫌隙。"这是说发生日食的原因有三项，一是后妃之党恣意妄为，奸邪之臣盘据在君主身边，于是太阳色黄而无光泽，将在晦日发生日食；二是君主重用权臣，大臣专擅，于是太阳色青黑，将在初二日发生日食；三是皇族宗室违犯君命，擅权作威以危害国家，于是太阳赤而暗淡无光，将在朔日发生日食。

第二类，说明君主有失德的举动。《礼斗威仪》说："君喜怒无常，轻杀不辜，戮无罪，慢天地，忽鬼神，则日蚀。"《春秋运斗枢》说："人主自恣不循古，逆天暴物；祸起则日蚀。"《春秋感精符》说："君行无常，公辅不德，夷强狄侵，万事错，则日食既。"这些都是说君主如果不能修养德性，背离为君之道，上天就会以日食予以警告。

第三类，说明君主或国家将要出现祸乱或败亡。《荆州占》说："日蚀尽光，此谓帝之殃，三年之间，有国必亡。""日蚀之下有破国，大战，将军死，有贼兵。"《河图帝览嬉》说："日蚀所宿，国主疾、贵人死。"《乙巳占》说，"日蚀，必有亡国死君之灾"，"日以春蚀，大凶，有大丧，女主亡。夏蚀无光，诸侯死。秋蚀兵战，主人死。冬蚀有丧，多病而疫"。

为了与千变万化、头绪纷繁的军政事务相适应，增强占星术的解释功能，占星家还根据日食发生的时间、日食在天空中的位置、日食的过程及形状、日食时的气象情况等等，把日食细分为许多名目，如《开元占经》所载有日蚀早晚所主、日蚀从上起、日蚀从中起，日蚀从下起、日蚀从左右起周蚀四旁、四蚀中分、日蚀不尽、日蚀三毁三复、日蚀既、日蚀变色、日蚀有珥有云冲之、日蚀而晕珥彗虹蜺、日蚀而有云气在日傍、日蚀而地鸣而震、日蚀而寒风雨雹雷、日与月俱蚀、日四时蚀、日十二月蚀、日六甲蚀、日十二辰蚀等。具体说来，食分越深，过程及形状越怪异，伴随的异常情况越多，灾祸越大。

还有一种根据日食发生时太阳在二十八宿间的位置占断的方法，称为"蚀列宿占"。《晋书·天文志》载："成帝咸和二年五月甲申朔，日有蚀之，在井。井，主酒食，女主象也。明年，皇太后以忧崩。"这是说太阳运行到井宿时发生日食，井主酒食，象征着女主，故日食表示女主有灾。同书又记："（永和）十二年十月癸巳朔，日有蚀之，在尾。尾，燕分，北狄之象也。是时边表姚襄、符生互相吞噬，朝廷忧劳，征伐不止。"这是说太阳运行到尾宿时发生日食，尾宿在分野理论中主燕，故日食表示北方边境地区不宁。可见，蚀列宿占的解释方法也是灵活多样的。《开元占经》、《乙巳占》中搜集了不少此类占文，如《乙巳占》有云，"日在昴蚀，大臣厄在狱，王者有疾"；"日在壁蚀，则阳消阴坏，男女多伤败其人道。王者失孝敬。下从师友，亏文章，损德教，学礼废矣"。

日食既然是凶险之兆，就要设法加以禳救。《史记·天官书》说："日变修德。"又说："太上修德，其次修政，其次修救，其次修禳，正下无之。"故每逢日食，帝王常有颁布罪己诏之举，让大臣以至庶民上书指出朝政阙失，以表示修德、修政。至于日食时的禳救活动，大概起源于原始巫教的巫术。甲骨文中有遇到日食卜告于河、用九头牛祭告祖先的记载，但没有记载对日食本身采用什么祭礼。《尚书·胤征》说，发生日食时，"瞽奏鼓，啬夫驰，庶人走"，即瞽（掌乐的官吏）要鸣鼓；啬夫和庶民要为救日之危难而四处奔走。《左传》中也有日食时伐鼓以救的记录，《谷梁传》庄公二十五年还对不同等级的救日礼的差别作了说明："天子救日，置五麾，陈五兵，五鼓。诸侯置三麾，三鼓，三兵。大夫出门，士击柝，言充其阳也。"伐鼓之外，据《左传》、《公羊传》等书记载，日食时还要"以朱丝萦社"，以助阳抑阴。

汉代每月朔旦，太史奏七月历。朔前后各二日，牵羊载酒至社下以祭日。若发生日食，则宰羊祭社，以救日变，执事人员皆戴长冠，穿皂单衣、绛领袖缘中衣，绛袴袜。挚虞《决疑要注》说："凡救蚀者，皆著赤帻，以助阳也。日将蚀，天子素服避正殿，内外严警，太史登灵台，伺候日变。更伐鼓于门，闻鼓音，侍臣皆著赤帻，带剑入侍。三台令史以上，皆各持剑立其户前。卫尉卿驰绕宫，伺察守备，周而复始。日复常，乃皆罢。"两汉魏晋时期，倘若太史占验元旦将要出现日蚀，有时停免正旦大朝会，有时则不停免。

北齐时将要发生日食，则在太极殿西厢东向、东堂东厢西向各设御座，群臣皆着公服伺候。昼漏上水一刻，内外皆警严。宫殿房屋凡有三门者关闭中门，一门者掩闭。日食前三刻，皇帝服通天冠，升太极殿御座。日有变，鼓声敲起，皇帝避开正殿到东堂，改服白袷单衣。侍臣皆著赤帻，带剑，升殿侍卫。诸衙各于其所，赤帻，持剑，出门向日而立。邺令率官属围社，以朱丝绳绕系社坛三匝，太祝令致辞责备社。日光复，乃止，解严。

唐代日蚀前三刻，郊社令及门仆皆穿着赤帻绛衣，把守四门。鼓吹令则穿着平巾帻、袴褶，率令乐工执麾旒，分置于四门屋下，麾旒的颜色与方位相应，并设龙蛇鼓于门右。东门者立于北塾，面南；南门者立于东塾，面西；西门者立于南塾，面北；北门者立于西塾，面东。每门派一队卫士，队正着平巾帻、袴褶，执刃，率卫士五人立于鼓外，每人各执一种兵器，矛在东，戟在南，斧、钺在西，稍在北。郊社令在社坛四角立猎，以朱丝绳萦之。太史一人着赤帻、赤衣，立于社坛北，观察日变。其后立黄麾，再后设一面龙鼓，再后设弓一、矢四。日有变，太史说："祥有变。"乐工举麾，龙鼓敲起，发声如雷，直到日光复明，太史说"止"，乃止。是日，皇帝也要素服避正殿，百官皆不办理公务，各着素服立于厅事（办公场所）之前，向日而立，日复明而止。

宋初遇日食，皇帝素服，避正殿，减膳。仁宗嘉祐中，详定救日伐鼓礼仪，与唐代相同。徽宗政和年间，又对伐鼓救日作了修改，增加了日食前遣官祈告仪节。明代日食之日，皇帝常服，不御正殿，礼部设香案于露台，向日，设金鼓于仪门内，设乐于露台下，各官拜位于露台上。至期，百官朝服入班，奏乐，行四拜礼，乐止，跪。执事者捧鼓，班首官员击鼓三声，众鼓齐鸣，等日复明，复行四拜礼。

清代凡遇日食，八旗满、蒙、汉军都统、副都统率属在所部警备，行救护礼。顺天府则派人到礼部清扫堂署，内外设香案，露台上卢䕫具，后布百官拜席。銮仪卫官陈金鼓于仪门两旁，乐部署史奉鼓在台下等待。钦天监官报日初亏，鸣赞赞"齐班"。百官素服，分五列，每班都以礼部长官一人领之。赞"进"，赞"跪、叩、兴"。奏乐，行三跪九叩礼。起立，班首至案前三上香，复位。赞"跪"，则皆跪。赞"伐鼓"，署史奉鼓进，跪左旁，班首击鼓三声，金鼓齐鸣。各班更番上香，跪着等待日复圆。鼓止，百官更换吉服，行礼如仪。礼毕，俱退去。

除日食外，星占家还列举了其他许多有关太阳的异常变化。《开元占经》所载有：日晷影、日光明、日变色、日无光、日昼昏、日无云而不见、日中乌见、日中有杂云气、日生牙齿足、日有彗芒、日刺、日大小、日分毁、日夜出、日当出不出当入不入、日再出再中、日出复入日入复出、日坠日流、日出异方、日并出、日重累、日斗、斗而晕蚀、日以十二辰斗、日月并出、日月与大星并见，日入月中月入日中、日冠、日珥、日戴、日抱、日背、日璃、日直、日交、日提、日格、日履纽缨、日负、日晕、日方晕、连环晕、日晕而珥、日晕而冠戴珥抱背璃直提虹虹云气、日晕而负、日重晕等，上述名目有的一望而知其意，有的则较生僻，这里略加疏解：

日晷影是指用土圭测得的日影，长度每天均有变化，按古人测算，其在二十四节气中的长度为：冬至长一丈三尺，小寒长二丈二尺四分，大寒长一丈一尺八分，立春长一丈一寸二分，雨水长九尺一寸六分，惊蛰长八尺二寸，春分长七尺二寸四分，清明长六尺二寸八分，谷雨长五尺三寸三分，立夏长四尺三寸六分，小满长三尺四寸，芒种长二尺四寸四分，夏至长一尺四寸，小暑长二尺四寸，大暑长三尺四寸，立秋长四尺三寸六分，处暑长五尺三寸二分，白露长六尺二寸八分，秋分长七尺二寸四分，寒露长八尺二寸，霜降长九尺一寸六分，立冬长一丈一寸二分，小雪长一丈一尺八分，大雪长一丈二尺四分。日晷过长或过短，都意味着将有灾害变异发生。

日光明是太阳应呈现的正常现象，光明而无黑斑。日变色是指太阳的颜色发生异常变化，如日赤如灰、日色青黄、青赤、青中黄外、赤中黄外、白中黄外、黑中黄外等。日无光是指太阳暗淡无光。日昼昏是指白天无日而暗如黑夜。日无云而不见是指晴空无云却看不见太阳。日中乌见是指太阳中出现三足乌的景象。日中有杂云气是指太阳中出现各种云气，如火光气、立人之象、人行之象、青色气等。日生牙齿足是指太阳边缘有突出形状，如牙如齿如足。日有彗芒是指太阳生出光尾火芒。日刺是指有外来云气刺入日中。日大小是指太阳变大或变小。日分毁是指太阳分裂或缺毁。日夜出是指太阳在夜间出现。日当出不出当入不入是指太阳到了出没时间却不出没。日再出再中是指太阳出来一次又出来一次、行到中空一次又行到中空一次。日出复入日入复出是指太阳出来不久又落下、落下不久又出来。日坠日流是指太阳从天而坠、迅速运行。日出异方是指太阳从不应当出来的方向出来。日并出是指几个太阳同时出现。日重累是指两个太阳重叠在一起。日斗是指两个太阳相冲斗。斗而晕蚀是两个太阳相冲斗的过程中出现日晕和发生日食。日以十二辰斗是指两个太阳在十二辰相冲斗。日月并出是指太阳和月亮一同出现。日月与大星并见是指太阳、月亮和明亮的大星一同出现。日入月中月入日中是指太阳和月亮一同出现，相互冲斗，或者太阳侵入月亮中，或者月亮侵入太阳中。日冠是指有青赤色云气立在太阳上，呈半环状。日珥是指有圆而小的青赤色云气在太阳左右。日戴是指有直状云气在太阳上。日抱是指有半环状云气向日而抱。日背是指背向太阳的半环状云气。日璚是指太阳旁弯曲向外的云气，其中有一横状如钩者。日直是指太阳旁直立丈余的云气。日交是指太阳旁有两股云气相交或贯穿日或相背。日提是指太阳旁形如车盖的云气。日格是指横在太阳上下的云气。日履是指太阳下有云气，日纽是指日下两旁有圆而小的云气，日缨是指两股云气在太阳下相交。日负是指太阳上方的青赤色小半晕。日晕是指环绕太阳的彩色光圈。日方晕是指日晕呈方形。连环晕是指日晕有两圈以上状如连环。日晕而珥是指出现日晕时同时出现日珥。日晕而冠戴等是指出现日晕时同时出现日冠、日戴等现象。日晕而负是指出现日晕时同时出现日负。日重晕是指日晕有内外两圈以上。

　　上述日象各有吉凶。如日抱，据《晋书·天文志》："日抱黄白润泽，内赤外青，天予有喜，有和亲来降者；军不战，敌降，军罢。色青黄，将喜；赤，将兵争；白，将有丧；黑，将死。"此外，日抱还往往伴有其他云气，亦各主不同吉凶，"日一抱一背，为破吉"，"日重抱，左右二珥，有白虹贯抱，顺抱击胜，得二将，有三虹，得三将"，"日重抱且背，顺抱击者胜，得地，若有罢师"，"日重抱，抱内外有璚，两珥，顺抱击者胜，破军，军中不和，不相信"。又如日晕，是军营之象，"两军相当，日晕；晕等，力钧；厚长大，有胜；薄短小，无胜"。"周环匝日，无厚薄，敌与军势齐等。若无军在外，天子失御，民多叛。日晕有五色，有喜；不得五色者，有忧"。"日晕明久，内赤外青，外人胜；内青外赤，内人胜；内黄外青黑，内人胜；外黄内青黑，外人胜；外白内青，外人胜；内白外青，内人胜；内黄外青，外人胜；内青外黄，内人胜；日晕周匝，东北偏厚，厚为军福，在东北战胜，西南战败。日晕黄白，不斗兵未解；青黑，和解分地；色黄，土功动，人不安；日色黑，有水，阴国盛"。再如口戴，《乙巳占·日月旁气占》云："青赤气横在日月之上，而小隆起，其分当有益土晋爵推戴之象，亦为福佑之象。黑则有病，青则多忧。"注谓："五色鲜明黄润为吉，此纯赤、纯黑、纯白、纯青，为凶色也。"

②月占。

月亮是天空中仅次于太阳的明亮天体，也很受星占家注意，在星占理论中，月有与日相匹配之义，故《晋书·天文志》说："月为太阴之精，以之配日，女主之象；以之比德，刑罚之义；列之朝廷，诸侯大臣之类。"在月亮的诸种变异中，日食最受重视，视为凶灾之兆，占星术士往往根据月食程度、方位、时间的不同判断灾害大小。当然，由于月食发生的频率比日食高得多，其凶险程度在人们眼中比日食小一些。星占学著作中有关月食的占文很多，如《乙巳占·月蚀占》有云，"凡月蚀，其乡有拔邑大战之事。凡师出门而蚀，当其国之野，大败军死。月蚀三日内有雨，事解吉。月蚀以旦相及，太子当之；以夕，君当之。月蚀起南方，男子恶之；起北方，女子恶之；起西方，老者恶之。月蚀尽，光耀亡，君之殃；蚀不必尽，光辉散，臣之忧。月蚀中分，不出五年，国有忧兵，其分军亡"。"月生三日而蚀，是谓大殃，国有丧；十日至十四日而蚀，天下兵起；十五日而蚀，国破灭亡"；"春蚀，岁恶，将死有忧；夏蚀，大旱；秋蚀，兵起；冬蚀，其国有兵丧"。同日食一样，月食也被分成许多名目，《开元占经》卷十七所列有：月蚀早晚、月蚀所起方、月蚀既及中分、月蚀变色、月蚀而晕斗、月并蚀、月蚀云气入月中又有风雨、月一月再蚀、月未望而蚀、月四时蚀、月十二月蚀、月十干蚀、月东南西南方蚀、月行五行晕而蚀。

月食占断也有"蚀列宿占"之法，根据月食发生在二十八宿间的不同位置以占吉凶。如《乙巳占·月蚀占》有云，"月在危蚀，不有崩丧，必有大臣薨，天下改服，刀剑之官忧，衣履金玉之人有黜"。倘若月食发生在某宿时，恰有五星运行至该宿，称为"月蚀五星"（月蚀与五星同在一宿，非谓月掩五星，如月蚀与金星同在一宿，则为月蚀金星，余类推）则另有象征，再举《乙巳占·月蚀占》为例："月行与木同宿而蚀，民相食，粟贵，农官忧。月行与火同宿而蚀，天下破亡，有忧。月行与土同宿而蚀，国以蚀亡。月行与金同宿而蚀，强国战胜亡城，大将有两心。月行与水宿同蚀，其国有女乱而国亡。"

同日食一样，发生月食也要进行禳救，但礼节比救护日食简单。《史记·天官书》有"日变修德，月变修刑"之说，则遇月食应清狱慎刑。《开元占经》卷十七引《周礼·地官司徒》说："救月蚀则诏王鼓。"注引郑玄之语云："救日月食，王者必来击鼓。"又引《礼记·婚义》说："妇教不修，阴事不得，谪见于天，月为之食。是故月蚀则后素服而修六宫之职，荡天下之阴事。"历代礼书中都有救月之礼，如明代制度规定，凡遇月食，在都督府设香案，百官常服行礼，仪礼略同救日，但不击鼓。地方上则在都指挥司、卫所行救月礼。

月食之外，还有许多现象用来占断吉凶。《开元占经》等书列有月行盈缩、月行阴阳、月变色、月光明、月光盛、月无光、月兔不见、月中有杂云气、月生牙齿爪足、月生角芒刺、月大小、月昼见、月当盈不盈、月当朔不朔、晦不尽、月当弦不弦不当弦而弦、月当望不望未当望而望、月当毁不毁未当缺而缺、月当出不出出而复入、月再中反缺、月出异方、月重迭、月冠、月珥、月戴、月背、月璃、月晕、月重晕、月交晕、月连环晕、月晕五星等等。这些名目有些与太阳诸现象相似，有些据文意可知，不多赘释，只就意义不太明朗的两种略作诠解。月行盈缩是指月亮的运行速度异常，盈指运行速度快，过快时可在朔日早晨见于东方，是为侧匿；缩是指运行速度慢，过慢时可在晦日黄昏见于西方，是为朓。月行阴阳是指月球运行轶出正常轨道（黄纬），或南或北。

各种现象都有不同的星占意义，如月变色，《乙巳占·月占》云："月若变色，将有灾殃；青为饥与忧；赤为争与兵；黄为德与善；白为旱与丧；黑为水，人病且死。"月昼见，《晋书·天文志》云："月昼明，奸邪并作，君臣争明，女主失行，阴国兵强，中国饥，天下谋僭。"月生牙齿爪足，《乙巳占·月占》："月生爪牙，人主赏罚不行。一占云，人君左右，宜防刺客。"月兔不见，《开元占经》引《黄帝占》："月望（满月一日）而月中蟾蜍（蟾蜍与兔皆指月中阴影部分）不见者，月所宿之国（与月所在之宿对应的分野之国）山崩、大水、城陷、民流亡。亦为失主，宫中必不安。"

在关于月亮的占星术中，最受重视的是月球运行与恒星、行星之间发生的关系。星占学中有"月犯星"、"月掩星"之说，指月球接近或掩食恒星；又有"星入月中"之说，恐出于对天象的误解，因为月亮是距地球最近的天体，除非是流星，任何恒星或行星都不会入月。占星家把"星入月中"视为重大凶兆，《海中占》谓："星入月中，其国君有忧。一曰：不出三年臣胜其主。"

月犯星可以分为三种情况。第一种情况是月犯列宿，指月球接近或掩食二十八宿之不同宿，如《黄帝占》说，"月以十月至四月入南斗中，天下大赦。近期六十日，中期六月，远期一年"；"月蚀张，贵臣失势，皇后有忧，期七十日"。《郗萌占》说："月变于须女，有兵不战而降。又日有嫁女娶妇之吉。"第二种情况是月犯中外星官，指月球接近或掩食二十八宿之外的星官，如《河图帝览嬉》说，"月犯黄帝座，天下大乱，存亡半"；"月犯乘键闭星，大臣大误天子，不尊事天神，致火灾于宗庙，天子崩。一日王者不宜出宫下殿，有偃兵于宗庙者"。第三种情况是月晕列宿及中外星官，指月球接近或掩食二十八宿或其外的星官时，同时又发生月晕，如《晋书·天文志》记载，"魏文帝黄初四年十一月，月晕北斗。占曰：'有大丧，赦天下。'七年五月，帝崩，明帝继位，大赦天下"；"海西公太和四年闰月乙亥，月晕轸，复有自晕贯月北，晕斗柄三星。占曰：'王者恶之。'六年，桓温废帝。"《河图帝览嬉》说："月晕须女，必有军曝血，将死。"《黄帝占》说："月晕张，天下大水。"

③五星占。

金、木、水、火、土五大行星称为"五纬"，本章第二节中已专门介绍过。这五颗行星，在占星术中地位非常重要。《开元占经》卷十八《五星占一》云："《春秋纬》曰：天有五帝，五星为之使。《荆州占》曰：五星者，五行之精也，五帝之子，天之使者，行于列舍以司无道之国。王者施恩布道，正直清虚，则五星顺度，出入应时，天下安宁，祸乱不生。人君无德，信奸佞，退忠良，远君子，近小人，则五星逆行、变色、出入不时，扬芒角怒，变为妖星、彗孛、弗扫、天狗、枉矢、天枪、天陪、揽云、格泽、山崩、地震、川竭、雨血，众妖所出，天下大乱，主死国灭，不可救也。余殃不尽，为饥旱疾疫。"可见五星异变之凶险。

由于大气层的影响，在人的眼中五星的亮度和颜色似乎有变化，这被认为是某种重大的吉凶象征。为了使人容易把握，占星家把五星变化的颜色分为青、赤、黄、白、黑五种，并提供了五颗标准星以供参照。《晋书·天文志》说："凡五星有色，大小不同，各依其行而顺时应节。色变有类，凡青皆比参左肩，赤比心大星，黄比参右肩，白比狼星，黑比奎大星。"作为青色标准的参左肩是二十八宿中参宿第四星（猎户座α），星等为零，其色苍苍，青大而白。作为赤色标准的心大星是二十八宿中心宿第二星（天蝎座α），星等为一等，呈红色。作为黄

积阳为天　积阴为地

色标准的参右肩是参宿第五星（猎户座δ），星等为二等，色在红黄之间。作为白色标准的狼星是天狼星（犬大座α），为北半球最亮的恒星，星等为零等，呈耀眼的白色。作为黑色标准的奎大星是二十八宿中奎宿等九星（仙女座β），星等为三等，呈暗红色。

五星"不失本色而应四时者，吉，色害其行，凶"。《史记·天官书》概括了五星的颜色变化与某种吉凶的关系："五星色白圜，为丧、旱；赤圜，则中不平，为兵；青圜，为忧、水；黄圜，则吉。"《开元占经》卷十八引石氏之言曰："荧惑色黑，填星色青，太白色赤，辰星色黄，岁星色白者，必败。"具体到每一个行星，其颜色变化也各有象征。《史记·天官书》论水星说："其当效而出也；色白为旱，黄为五谷熟，赤为兵，黑为水。"《开元占经》卷四十五引《荆州占》论金星说："太白始出，色黄，其国吉；赤，有兵而不伤其国；色白，岁熟；色黑，有水。"

在五大行星中，金星最为明亮，特别引人注目，《诗经》中"子兴视夜，明星有烂"、"昏以为欺，明星煌煌"等诗句都是对金星的描述。太白大而明亮被认为是吉兆，《史记·天官书》说："太白光见影（晚上金星光芒可依稀映出地上物影），战胜。"《乙巳占·太白占》也说："太自主兵，为大将，为威势，为断害割，为杀害，故用兵必占太白。体大而色白，光明而润泽，所之分，兵强国昌；体小而昧，军败国亡。"但是，"太白昼见"则不一定是好事。《史记·天官书》有太白"昼见而经天，其谓争明，强国弱，弱国强，女主昌"之说，《乙巳占·太白占》也谓"太白昼见，有兵罢，无兵兵起，不出六十日"。

五星的大小和形状变化也很受重视，所谓大是指星比常体变大，小则是比常体变小。一般说来，吉星变大为吉，变小为凶，凶星则变大为凶，变小为吉。其实，星的大小与亮度有一相关性，星越亮显得越大，越暗显得越小。五星大小各有不同意义，如《乙巳占·岁星占》云："明大润泽，则人君昌寿，民富乐，中国安，四夷服。人君行酷虐残暴，则岁星时时暗小微昧，微昧则国亡君死。"五星的形状变化主要是指星生芒或角，芒是指星辰曜生锋芒，此为刺杀杀害之象。马王堆汉墓帛书《五星占·金星》说金星"黄而角则地之争，青而角则国家惧，赤而角则犯我城，白而角则得其众"。《开元占经》卷四十五引《海中占》云："太白有五角，立将帅；六角，有取国地；七角，伐王。"

五星的运行有一定规律，古人认为木星一年行十二次中的一次，当其靠近太阳时行迟，远离太阳时则疾。金星和水星一年行十二次一周天，当其早晨出现时，开始行迟，然后行疾，当其黄昏出现时，开始行疾，然后行迟。土星三年行十二次中的一次，从其在天空出现（见）顺行到停止不动（留），再到变为逆行，最后又恢复顺行，速度很平均，没有疾迟现象。火星当靠近太阳时行疾，远离太阳时行迟。以上是五星运行的大致情况，倘不合乎常度，则为变异，比正常速度慢为迟，快为疾。先秦时期人们认为五星都是顺行（由东而西运行）的，秦时发现金星和火星有逆行（由西而东运行），到汉初，则已了解到五星均有逆行。尽管如此，占星家仍常把逆行视为变异。《晋书·天文志》说："凡五星见（出现）、伏（因运行到太阳附近而看不见）、留（一段日子停在星空原处不动）、逆、顺、迟、速应历度者，为得其行，政合于常；违历错度而失路（脱出黄道轨道）、盈（运行速度快于正常速度）、缩（运行速度慢于正常速度）者，为乱行。"可见一切不合常度的运行情况都是凶兆。

五星之间以及五星与恒星之间的关系也各有吉凶所主。行星接近可通称为"相犯"。两颗行星相及，同处某一星宿中，称为合；两颗行星在某一星宿相逢，一逆行一顺行，或一迟行一疾行，称为会；两颗行星一迟行一疾行而相继会聚于一个位置时，称为从；两个行星同处某一星宿，但一南一北相互隔开，称为离；两颗行星同处某一星宿，但并不相互停留等待，称为徙。五星中两颗星相犯，共有十种情形，各有不同意义：木火相犯，《荆州占》曰："岁星与荧惑同舍，相去三尺以内，相守七日以上，至四十日，其国有反臣，五谷伤，百姓不安。"木土相犯，《荆州占》曰："填星与岁星合斗，有军为战，无军起兵，土木交行，必有破伤。"木金相犯，《开元占经》引石氏曰："太白与岁星合于一舍，西方凶。岁星出左，有年，出右，无年。合之日以知五谷之有无。"木火相犯，《开元占经》引石氏曰："岁星与辰星合舍，相去三尺，相守七日以上，其国君臣俱合，道德相生。"火土相犯，《开元占经》引石氏曰："荧惑从填星聚于一舍，名曰太阳，其下国有重德致天下期在十年。"火金相犯，《开元占经》引巫咸曰："太白与荧惑，春斗，岁旱；夏斗，不出其年易相；秋斗，不出其年兵起；冬斗，不出二年有丧。"火水相犯，《开元占经》引郗萌曰："荧惑与辰星在尾、箕相近，天下将大赦。"土金相犯，《春秋文耀钩》曰："主任恣则太白触填星……太白触填星，发大兵，相残贼。"土水相犯，《开元占经》引石氏曰："辰星与填星会者，国有大功田役，非法奸臣所为，诛之，吉。"金水相犯，《二十八宿山经注》曰："太白与辰星同守昴，不出百日，赵君为人所囚，大臣相戮。"

除两颗行星接近外，三颗、四颗甚至五颗行星接近的情况也可能发生，这在星占学中称为"合"或"聚"。《汉书·天文志》云："三星若合，是谓惊立绝行，其国外内有兵与丧，民人乏饥，改立王公。四星若合，是谓大荡，其国兵丧并起，君子忧，小人流。"五星相聚称为"五星聚舍"、"五星连珠"，被认为是改朝换代的象征，对于无道之君来说是凶兆，意味着将丢掉权位，国破家亡，而对于有道者来说则是吉兆，意味着将要获得天下。《开元占经》卷一九引石氏之言说："岁星所在，五星皆从而聚于一舍，其下之国可以义致天下；荧惑所在，五星皆从而聚于一舍，其下之国可以礼致天下；填星所在，五星皆从而聚于一舍，其下之国可以重德致天下；太白所在，五星皆从而聚于一舍，其下之国可以兵致天下；辰星所在，五星皆从而聚于一舍，其下之国可以法致天下。"《海中占》曰："五星若合，是谓易行。有德受庆，改立天子，乃奄有四方，子孙蕃昌；无德受罚，离其国家，灭其宗庙，百姓离去满四方。"

五星经过或接近二十八宿或其外的星官，也被赋予星占意义。由于情况很复杂，星占学中创立了许多术语以描述具体情形。行星不当离开而离开某星宿称为出，不应进入某星宿而进入称为入；经过某一星宿运行速度迟缓称为舍；经过某一星宿，径直过去而不迟留称为宿；从星宿正中穿过，两侧距离相当称为中；在某一星宿徘徊不去，或停留 20 天以上称为守；经过某一星宿，光芒侵犯这一星宿称为犯；从某一星宿旁经过，光芒刺入该星宿称为刺；从某一星宿旁经过，两者相互切磨称为磨；从某一星旁经过，逼迫很近，但未相互切磨称靡；经过两星宿之中而未犯该星称历；直接经过某星宿，或从西方进入某星宿从东方出来称为贯；绕行某星宿一周称为环；环绕某星宿但未达一周称为绕；运行速度快于正常速度，进入不当进入的星宿区域和度数，且是以大星迫逼小星，自上侵犯下方之星，称为侵；以小星侵逼大星，自下侵犯上方之星，称为陵；木星、土星等属于福德性质的行星在某一星宿运行迟缓称为居；金星、火星、彗孛等刑祸妖异之星在某一星宿久住不移称为留。各种关系均有不同意义。以五星与二十八宿之首的角宿的关系为例，《开元占经》卷二十四引《孝经右秘》："岁星在角，天下大病。"卷三十一引甘氏："荧惑守角，忠臣诛，国政危。"卷三十九引《黄帝占》："填星犯左角，大战，一日军死。"卷四十七："太白犯守左角，大人自将兵于野，臣有谋主者。"卷五十四："（辰星）守角，王用刑罚急，国有帝者，天下大乱。"

④恒星占。

由于恒星在人眼看来基本上是不移动的，所以恒星占主要是据恒星的亮度和颜色以论吉凶。二十八宿的每一宿都有不少占文。如斗宿，《开元占经》引甘氏曰："南斗星明大，爵禄行，天下安宁，将相同心；其星不明，大小失次，芒角动摇，则王者失政，天下多忧。"再如娄宿，《开元占经》引《玄冥占》曰："娄星明，则王者郊祀天享之，天子明，臣子多忠孝，王者多子孙，天下和平。"又如参宿，《开元占经》引《百二十占》曰："参为将军，常以夏三月视参，两足进前，兵起，若退却，兵罢国宁。"

二十八宿之外的星官占辞也很多。如天一星，《开元占经》卷六十七中收集了古人的数种占辞，"韩扬曰：天一星名曰北斗主，其星明则王者治，不明者王道逆，则斗主不明，七政之星应而变色"。"《黄帝占》曰：天一星，地道也。欲其小，有光，则阴阳和，万物成。天一星大而明盛，水旱不调，五谷不成，天下大饥，人民流亡去其乡"；"《黄帝占》曰：天一星明泽光润则天子吉"。"石氏曰：天一星欲明而有光，则阴阳和，万物成。又占曰：天一星亡则天下乱，大人去"。"《荆州占》曰：天一之星盛，人君吉昌"。又如魁下六星，两两相比，称为"三能"、"三占"、"泰阶"、"三阶"等，据《黄帝泰阶六符经》："上阶，上星为男主，下星为女主；中阶，上星为诸侯三公，下星为卿大夫；下阶，上星为士，下星为庶人。三阶平，则阴阳和，风丽时，不平，则稼穑不成，冬雷夏霜，天行暴令，如兴甲兵。"上、中、下三阶，每对中两星颜色是否一致，在星占学中意义重大，以上阶为例，《开元占经》卷六十七引《黄帝占》云："天子刚猛好兵，灭后杀嗣，则上阶上星其色赤。循宫广囿，肆其声色，则上阶奢而横。温懦柔弱，诛罚不行，则上阶迫，其色白。朋党比周，度逾适易，则上阶下星其色白。妃嫔尊荣，谗言时用，则上阶下星奢而横，其色白；恃宠肆欲，怀邪作乱，则星高而仰，其色赤。"

客星出现在很多情况下是指新星或超新星爆发，也应归入恒星占。但客星也包括其他许多天体现象，故留待下面"变星占"中介绍。

⑤变星占。

除了行星和恒星以外，占星术据以占断的天上星象还有变星。古人将变星又细分为许多类别，主要有流星、客星、瑞星、妖星、彗星等。

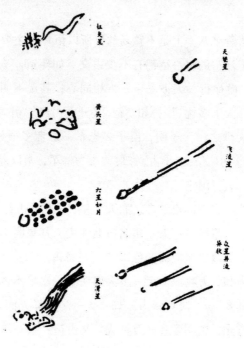

图二十一　异星（属于流星类）

流星是指夜空中一划而过的星星（如图二十一），其实是闯入大气层的外来小天体，极为常见，任何人只要稍稍留心于星空，总能看到这种星象。但是，在占星家眼中，流星却有非同小可的意义，《乙巳占》卷七说："流星者，天皇之使，五行之散精也。飞行列宿，告示休咎。若星大使大，星小使小。星大则事大而害深，星小则事小而祸浅。"他们还对流星的类别进行细致观察，将其划分为许多类别。比如，流星大如缶而行绝迹者称为飞星，行迹著天而不绝者称为流星，星光相连而大如瓜桃者称为使星，望之有尾如串珠者称为天狗，星大如瓮而头大尾小长约三四尺其后形迹皎然者称为天掊，此外还有天保、天鼓、天雁、地雁、顿顽、浩滑、否颠、浩亢、降石、梁星、奔星、约约、天滑等名目，以及火流星、流星雨、流星四面交行、大流星在前众星随之、众多流星四面散行、流星昼行等区分，均有不同星占意义。此外，尽管人眼所见流星都是大气层内部的现象，但古人并不了解这一点，将流星与行星、恒星等量齐观，因而占星著作中有关于流星犯日、流星犯月、流星犯五星、流星犯列宿、流星犯中外星官等现象的大量占辞。《开元占经》卷七十二至七十三收集甚多，现举几例："流星起心南行，越君死"；"流星起心至北斗，赵君死"；"流星入牵牛，当有邻国使者来，不出百八十日"；"流星入七公，人主信谗佞、诛忠直谏者。凶人起兵义人入狱，期一年"。

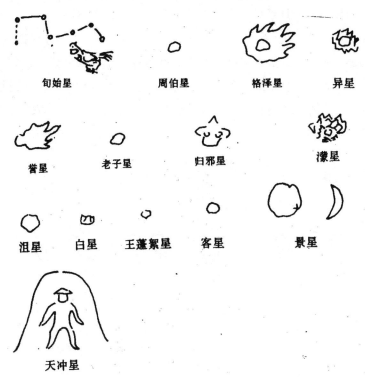

旬始星　　　周伯星　　　格泽星　　　异星

誉星　　　老子星　　　归邪星　　　濛星

沮星　　白星　　王蓬絮星　　客星　　　景星

天冲星

图二十二　异星（内中包括客星、瑞星和妖星）

客星是指突然爆发的明亮之星，在现代天文学分类中应属于新星或超新星。但由于科学认识水平的限制，古人的分类并不严格，客星中也杂有彗星或其他天象（如图二十二）。在星占学著作中，客星被分为五类：周伯，指体大而色黄的客星；老子，指明亮而大，光色发白的客星；王蓬絮，指状如粉絮，颜色青白的客星；国皇，指体大而色黄白，望之似有芒角的客星；温星，指色白而大，状如风摇动，常出现在天之四隅的客星。《乙巳占》卷七说："客星者，非其常有，偶见于天，皆天皇大帝之使者以告咎罚之精也。"可见客星均为凶星，预示着将有兵、丧、饥、乱等事发生。客星也有犯月、犯五星、犯列宿、犯中外星官等现象，如《乙巳占》卷七云，"客星犯井，国有大土功之事，小儿妖言"；"（客星）守张、楚、周有隐士不去。满三十日，有亡国、死王。臣弑其主，小人谋贵，祸及嗣子，期三年。食中有毒。邻国有献食物者。天下酒大出，天子以为忧败"。

占星术中又有所谓瑞星，据说这是"福德之应，和气之所致，有道则见"。瑞星被分为六类，一曰景星，二曰周伯，三曰含誉，四曰格泽，五曰归邪，六曰天保（如图二十二）。周伯之名与客星之一相同，但不知有何区别。含誉、格泽、归邪、天保，据星占文献很难断定是何种天象。景星据今人研究，当亦属新星。一般说来，景星是指大而中空之星，但也有别种说法，如说景星是这样一种天象，有赤方气与青方气相连，赤方气中有两颗黄星，青方气中有一颗黄星，状如半月，生于晦朔之日，助月为明王。更有的干脆说景星形状无常。

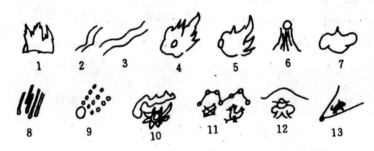

我国十七世纪绘制的极光图例

1. 蚩尤旗 2. 枉矢 3. 长庚 4. 格泽 5. 含誉 6. 狱汉
7. 归邪 8. 众星并流 9. 大星如月，众小星随之 10. 瀑星
11. 旬始 12. 天冲 13. 天狗

图二十三　极光图例（取自《管窥辑要》）

与瑞星相对应的是妖星，名目十分繁多，《开元占经》中就列有88种之多。据今人研究，妖星中有新星，有彗星和流星，也有极光现象（如图二十三），但大多难以断定是何种天象。占星家认为妖星是五行之气亦即五大行星的变化所产生的变星，其中属于岁星之精所流变的妖星有：天陪、天枪、天猾、天冲、国皇、反登；属于荧惑之精所流变的妖星有：析旦、蚩尤旗、昭明、司危、天搀；属于填星之精所流变的妖星有：五残、六贼、狱汉、大睁、焰星、绌流、弗星、旬始、

击咎；属于太白之精所流变的妖星有：天杵、天柎、伏灵、大败、司奸、天狗、天残、卒起；属于辰星之精所流变的妖星有：柱矢、破女、拂枢、灭宝、绕綖、惊悝、大奋祀。其他还有天锋、烛星、蓬星、长庚、四填、地维、藏光、女帛、盗星、积陵、瑞星、昏昌、华星、白星、菟昌、格泽、归邪、漾星、天垣、天楼、天袁、首若、天荆、天根、天枪、端下、商若、天杵、天麻、天仗、天搀、天英、白旧、粪星、林若、若彗、帚星、若星、蚩尤、赤若、天雀、天惑、官张、晋若、天阴、折若、天拂、天翟、天枢、天从、天罚、天社等（如图二十二、图二十四）。这些妖星有些属于彗星，但大多不知其为何种天象。星象学认为，"妖星者，五行之气，五星之变，如见其方，以为灾殃。各以其日五色占知何国，吉凶决矣。以见无道国、失礼邦，为兵、为饥、水、旱、死亡之征也"。

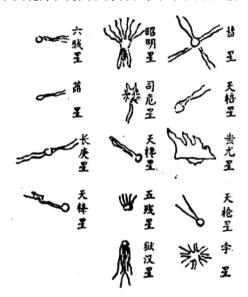

图二十四　异星（属于彗星类）

彗星也是凶恶天象，星占家把彗星分为孛星、拂星、彗星、长星、扫星五类。孛星光芒短而四射，不是只拖着一条光尾，而是蓬蓬孛孛；彗星光芒长，恰似扫帚的长尾；长星光芒为一条直线，长约十丈，有时拖过整个天空；拂星长约一丈，其炎头散乱下垂，状如毛拂；扫星长三丈以上，十丈以下，形如竹木枝条。五类之下，彗星又被分成许多名目，马王堆三号汉墓出土帛书中有彗星占内容，被定名为《天文气象杂占》，其中就绘有 29 个彗星图形，标有 18 个不同名称（如图二十五）。彗星形状虽然不同，其为殃则一，《乙巳占》卷八说："长星，状如帚；孛星，圆状如粉絮，孛孛然。皆逆乱凶悖之气；状虽异，为殃一也。为兵、丧，除旧布新之象……凡彗孛见，亦为大臣谋反，以家坐罪；破军流血，死人如麻，哭泣之声遍天下；臣杀君，子杀父，妻害夫，小凌长，众暴寡，百姓不安，干戈并兴，四夷来侵。"此外，还有彗星昼见、犯日、犯月、犯五星、犯列宿、犯中外星官等异变，均为凶兆。

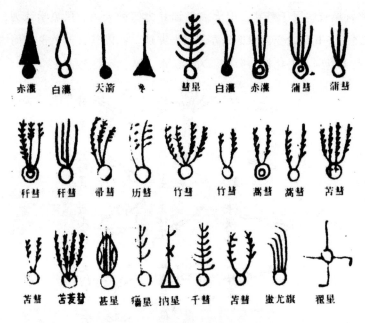

图二十五　汉墓帛书的彗星图（摹本）

⑥杂星占。

杂星在占星术中也常提及，如《开元占经》中就单列有"杂星占"一项。杂星实际上不是某种独立的星，而是指某些特殊的星象，包括星昼见、星与日并出、明星夺日光、妖星昼见、夜中星不见、星相斗、众星摇动、星陨落等，都不是吉祥天象。

⑦气象占。

除真实存在和假想的天体外，气象情况也很受星占家注意，据以占断吉凶。

这些气象现象主要包括云、气、虹、风、雷、雾、霾、霜、雪、雹、露等。

占星家观察云，主要据其颜色、形状、方位、高低、运动等。颜色主要分青、黄、黑、白、赤五种，《乙巳占》卷八云："黄云雾蔽北斗，明日雨；赤云掩北斗，明日大热杀人；云掩北斗，不过三日，雨；青云掩北斗，主雨。"云的形状有多种，马王堆三号汉墓出土的《天文气象杂占》中就绘图列示了楚云（图形为日）、赵云（图形为一牛）、中山云（图形为一牛）、燕云（图形为一株大树）、秦云（图形为一女子）等一些云的形状，《晋书·天文志》亦云："韩云如布，赵云如牛，楚云如日，宋云如车，鲁云如马，卫云如犬，周云如车轮，秦云如行人，魏云如鼠，郑云如绛衣，越云如龙，蜀云如囷。"

气常与云合称云气，但与云不同，至于究竟是什么现象，很难确指。中国古人很相信气，望气不仅是占星术的组成部分，下一章介绍风水术时也将提到。望气之法，与观云基本相同。《乙巳占》称气为"气象"，分为帝王气象、将军气象、军胜气象、军败气象、战胜气象、屠城气象、伏兵气象、暴兵气象、战阵气象、图谋气象、吉凶气象、九土异气象。帝王气象在古书中常提到，特别是改朝换代的乱世，人们常探测"帝王气"在何方，以确定自己的政治归属。据《乙巳占》卷九，"凡天子气，内赤外黄，正四方。所发之处，当有王者。若天子欲有游往处，其地亦先发此气"。此外，还要考虑云气与星宿的关系，云气入列宿，入中外星官，都有专门意义。

虹在古代被分为虹、蜺，雄者为虹，雌者为蜺，区分的方法是根据颜色，色浓著者为雄，色清淡者为雌。虹蜺和晴雨有关，古人已认识到这一点，如《开元占经》卷九十八说："虹蜺见，雨即晴，旱即雨……久雨虹见即晴，久旱蜺见即雨也。"由于虹、蜺有雌雄之别，被视为阴阳二气交接之象，因而在占星术中有许多关于邪淫的占辞，《开元占经》卷九十八引《易通卦验》："虹不时见，女谒乱宫。虹者，阴阳交接之气，阳唱阴和之象，今失节不见者，似人君心在房内，不修外事，废礼失义，夫人淫恣而不敢制，故女谒乱宫。"又引《周书·时训》："清明后十日虹始见，不见，妇人色乱；小雪之日虹藏不见，收虹不藏，妇不专一。"虹与太阳、星宿的关系，如虹贯日、虹在日旁、虹与日俱出、虹围轸宿、虹绕昴宿、虹贯太微等等，均有不同星占意义，如《开元占经》卷九十八引京房《对灾异》说："虹蜺近日，则奸臣谋；贯日，客伐主。其救也，释女乐，戒非常，正股肱，入贤良。"

风占在占星术中也应用极广，如《乙巳占》卷十云，"诸宫日，大风从角上来，大寒迅急，此大兵围城，至口中发屋折木者，城必陷败，不出九日"；"回风入门至堂边，为长子作盗。回风入井，妇人作奸，欲共他人杀夫"。中国传统方术中有风角之术，其中很多内容属于占星术。《灵台秘苑》卷五说："夫风者，所以鼓动万物焉，天之号令……祥风应则和悦，咎风应则惨恶。吉凶之后，皆可以占。前世风角自为一家，有二说：先儒以风从四方四隅来，故谓之角；世传以巽为风，于五行在木，在八音为角。学者宜参之。"

雷分为雷、霆、电、霹雳四种，被认为是上天对人世善恶的赞许或谴告。《开元占经》卷一百二引《尚书中候》："秦穆公出狩，天震大雷，下有火，化为白雀，衔丹书集公车。"又引《天镜》："雷霆击宗庙，是谓天戒人君暴，云不出八年，削地夺国。"雾在占星家眼里，是"百邪之气，阴来冒阳，奸臣擅君权立威"。霾，据《灵台秘苑》卷四："凡天地昏濛，下尘土，十日五日以上，或一日时雨不沾衣而有土，名曰霾。故曰：'天地霾，君臣乖，不大旱，外人来。'"霜，《开元占经》卷一百一引《师旷占》："春夏一日有霜云者，君父治政大严大苦大杀，天以示之。何以言之？霜威杀万草，坐大杀也。见变如此，宜损威杀，重人命。"雪，同书引《天镜》说："夏雨雪，必有大丧，天下兵起。"雹，同书引京房之言说："凡雹过大，人君恶闻其过也，抑贤不与共位也。"露，一般说来是吉兆，称为"甘露"，同书引《瑞应图》说："耆老得敬，则柏受甘露，尊贤爱老，不失细微，则竹苇受甘露。"但失时亦为凶兆，同书又引《春秋命历序》说："桀、纣无道，露冬下。"

（2）星命术的基本原理。

星命术是根据个人出生时的天象推测一生的穷通祸福的方术，本由印度传来，已如前述。由于盛极一时的七曜术及聿斯经宋代以后消亡，有关著作几乎全部佚失，其具体技术已难全部了解，只能从敦煌文献中保存的资料中略窥一斑。伯二六九三题为《七星历日一卷并十二时》是稀见的首尾完整的作品，分为密（日）、莫空（月）、云汉（火）、嘀日（水）、温没斯（木）、舭溢（金）、鸡缓（土）七章，每章先述此日各种吉凶宜忌，次按十二支列出十二小节，这里援引两节以见其貌：

入此名宫，其人所求官财钱口味万事皆遂心。若有官职更加富，亦宜见大君富贵人。（莫空·午）

入此名宫，其人所求皆得遂，所向皆得。求官者高迁。亦得赏财，亦得妻子。吉。（嘀日·酉）

宋代以后，七曜术和聿斯经作为完整的方术在中国虽已不复存在，但其影响并未绝迹，与本土建立在五行基础上的算命术结合在一起，形成中国特色的星命术，当然这种星命术与天体的真正位置的关系已很小。星命术的内容非常繁杂，这里只进行极为简略的介绍。

①推年月日时干支。

本年出生者，干支即照本年干支，以前出生者，可通过万年历查看或依六十甲子表往上推算该年干支。应注意的是，如在正月立春节后生的，用本年干支，在立春节前生的，须用上年干支，如在十二月立春节后生的，须用下年干支，立春节前生的，自然用本年干支。

月的地支是固定的，正月为寅，二月为卯，三月为辰，四月为巳，五月为午，六月为未，七月为申，八月为酉，九月为戌，十月为亥，十一月为子，十二月为丑。月的天干须推求，有歌诀曰："甲己之年丙作首，乙庚之岁戊为头，丙辛必定寻庚起，丁壬壬位顺行流，更有戊癸何方觅，甲寅之上好追求。"也就是说若遇甲或己之年，正月是丙寅；若遇乙或庚之年，正月为戊寅；若遇丙或辛之年，正月为庚寅；若遇丁或壬之年，正月为壬寅；若遇戊癸之年，正月为甲寅。余月依干支顺序推知。日的干支万年历每天都注明，一查便知。时的地支按出生时刻定，夜间十一点至凌晨一点为子时，一点至三点为丑时，三点至五点为寅时，五点至七点为卯时，七点至九点为辰时，九点至十一点为巳时，十一点至下午一点为午时，一点至三点为未时，三点至五点为申时，五点至七点为酉时，七点至九点为戌时，九点至十一点为亥时。时的天干须推求，亦有歌诀曰："甲己还生甲，乙庚丙作初，丙辛从戊起，丁壬庚子居，戊癸发何方，壬子是真途。"这就是说甲日和己日生的在其子时上配甲，是为甲子，乙日和庚日生的在其子时上配丙，是为丙子，他日生的依次为：丙、辛日为戊子，丁、壬日为庚子，戊、癸日为壬子。知道了子时的天干，其他时的天干可依序推知。

②推星宿、神煞位置。

推星宿位置是推算日、月、五星、罗喉、计都、紫气、月字这十一曜以及二十八宿、十二宫等在个人出生时刻的位置。但星命家并不推算十二曜的真正位置，只是据万年历中给定的视位置而定。二十八宿和十二宫（狮子、双女、天秤、天蝎、人马、磨羯、宝瓶、双鱼、白羊、金牛、双子、巨蟹）都刻在星盘上，也不必推算。

神煞是指各种神灵，吉者为神，凶者为煞。神煞种类极其繁多，难以一一介绍，有的学者择其重要者列成表格，援引如下：

神煞	意义	年干所变星曜甲乙丙己庚辛壬癸
天禄	主享禄	火孛木金土月水气计罗
天暗	主暗昧	孛木金土月水气计罗火
天福	主获福	木金土月水气计罗火孛
天耗	主破耗	金土月水气计罗火孛木
天荫	主荫庇	土月水气计罗火孛木金
天贵	主嗣贵	月水气计罗火孛木金土
天刑	主犯刑	水气计罗火孛木金土月
天印	主有印	气计罗火孛木金土月水
天囚	主囚禁	计罗火孛木金土月水气
天权	主重权	罗火孛木金土月水气计
天官	主官星	气水罗计孛火金木月土
生官	主官高	月土气水罗计孛火金木
伤官	主坏名	金木月土气水罗计火孛
禄元	主有禄	木火水日水日水金木土
马元	主利动	（参见驿天马，驿马的宫主便是马元星）
仁元	主延年	木木火火土土金金水水
文星	主能文	罗计金火金气木土日月
魁星	主夺魁	月日罗计火金水孛气水
官星	主官职	气水罗计孛火金木月土

印星	主掌印	木日火月土罗金计水孛
催官	主催升	金水日罗木气孛土月计
禄神	主食禄	木木计罗土火金气日月
喜神	主喜庆	罗计气水月土金木孛火
科名	主标名	木木火火土土金金水水
科甲	主登第	（以命宫对宫的宫主即为科甲，又称妻星）
禄勋	主勋禄	寅卯巳午巳午申酉亥子
阳刃	主横祸	卯辰午未午未酉戌子丑
神煞	意义	年干所变星曜甲乙丙己庚辛壬癸
飞刃	主横祸	酉戌子丑子丑卯辰午未
唐符	主重权	（与飞刃同，若遇其他节煞则为羊刃，遇吉神则为唐符）
国印	主掌印	戌亥丑寅丑寅辰巳未申
天乙	昼贵人	未申酉亥丑子丑寅卯巳
玉堂	夜贵人	丑子亥酉未申未午巳卯
文昌	利小试	巳午申酉申酉亥戌寅卯
天厨	宜食禀	巳午子巳午申寅午酉亥

第一，以年干为基准推定的部分神煞。上表中罗指罗喉，计指计都，气指紫气，孛指月孛，其余指日、月及五星。推算的方法，是视年干为十干中的哪一干，则相应的星变为某种神煞，如年干为甲，则火星变为天禄星。表中自禄勋以下，不再是某星所变，而是由年干推定该神煞在星盘上的哪一宫，如某人年干为甲，则禄勋在寅宫。

第二，以年支为基准推定的部分神煞。推算的方法，是以该人出生之年的年支确定某星为某神煞，如年支为子，则土星为爵星、火星为天马。下表中自岁驾以下，则是由年支推定该神煞在星盘上的哪一宫，如年支为子，则岁驾、太岁、剑锋、伏尸都在子宫，天空在丑宫。

神煞	意义	年干所变星曜甲乙丙己庚辛壬癸
爵星	主爵尊	土水木气孛木水火火金金水
天马	主调升	火计水木火计水木火计水木
地驿	主迁除	木水金火木水金火木水金火
血支	主血光	木土土林火金水日月水金火
血忌	主血毒	日土土朋木水火金金火水木
产星	主产难	金水木火金水木火金木水火
岁殿	宜登殿	（以岁驾为甲，顺天干顺序数到出生之年的年干即是岁殿）
岁驾	宜登驾	子丑寅卯辰巳午未甲酉戌亥
神煞	意义	年干所变星曜甲乙丙己庚辛壬癸
太岁	怕并节星	（同岁驾）
剑锋	怕迭刃	（与太岁同）
伏尸	怕逢凶星	（与太岁同）
天空	杀喜空	丑寅卯辰巳午未甲酉戌亥子
丧门	主丧服	寅卯辰巳午未甲酉戌亥子丑
地雌	怕并杀星	（同丧门）
地丧	忌临妻星	（同丧门）
贯索	主入狱	卯辰巳午未甲酉戌亥子丑寅
勾神	同贯索	（同贯索）
五鬼	主词讼	辰巳午未甲酉戌亥子丑寅卯
月德	主化凶	巳午未甲酉戌亥子丑寅卯辰
死符	身宫命宫忌此煞	（同上）
小耗	田、财、宫忌	（同月德）
岁破	（同小耗）	午未甲酉戌亥子丑寅卯辰巳
大耗	（同小耗）	（同岁破）
阑干	命限忌此煞	（同岁破）
暴败	（同上）	未申酉戌亥子丑寅卯辰巳午
天厄	（同上）	（同暴败）

白虎	命宫忌之	申酉戌亥子丑寅卯辰巳午未
天雄	（同白虎）	（同白虎）
天德	能化煞	酉戌亥子丑寅卯辰巳午未申
卷舌	命限忌之	（同天德）
绞煞	（同上）	（同天德）
天狗	子宫忌之	戌亥子丑寅卯辰巳午未申酉
弟客	主吊孝	（同天狗）
病符	主疾病	亥子丑寅卯辰巳午未申酉戌
神煞	意义	年干所变星曜甲乙丙己庚辛壬癸
蓦越	（同上）	（同病符）
的杀	主破败	巳丑酉巳巳酉巳丑酉巳丑酉
破碎	（同上）	（同上）
咸池	主色欲	未午卯子酉午子酉午卯子
桃花	主淫佚	（同上）
大杀	主横祸	申酉戌巳午未寅卯辰亥子丑
飞廉	主灾难	（同上）
孤辰	发主孤克	寅寅巳巳巳申申申亥亥亥寅
寡宿	主寡居	戌戌丑丑丑辰辰辰未未未戌
三刑	主刑伤	卯戌巳午辰申午丑寅酉未亥
劫杀	主劫破	巳寅亥申巳寅亥申巳寅亥申
亡神	主危亡	亥申巳寅亥申巳寅亥申巳寅
红鸾	主喜事	卯寅丑子亥戌酉申未午巳寅
天喜	主喜事	酉申未午巳辰卯寅丑子亥戌
浮沉	主溺水	（同血刃）
天解	主解难	（同血刃）
地解	主释凶	未未申申酉酉戌戌亥亥午午
天哭	主哭泣	午巳辰卯寅丑子亥戌酉申未

披头	主孝服	辰卯寅丑子亥戌酉申未午巳
黄	命限忌	辰丑未戌辰丑未戌辰丑未戌
豹尾	命限忌	戌未辰丑戌未辰丑戌未辰丑

③推宫、度、限、主、长生等。

首先推定命宫和命度。所谓命宫，就是一个人的本命所在的宫位。方法是运用星盘，将出生时辰的地支置于太阳所在之宫，按顺时针方向从时支开始数其后的地支，数到卯，此时走到哪一宫，哪一宫就是命宫。如某人酉时出生，其时太阳在子宫，依顺时针方向往后数，依次为戌（在丑宫）、亥（在寅宫）、子（在卯宫）、丑（在辰宫）、寅（在巳宫），到卯（在午宫），则午宫为命宫。由于一宫有三十度，推定命宫后，还要进一步推定在该宫的具体度数，是为命度，如某人出生时太阳在子宫的虚宿六度，该人命宫在午，子宫的虚宿六度与午宫的星宿五度相对应（按顺时针方向，都是第六行的第三格，按逆时针方向，都是第五行的第三格），则该人命度就是午宫的星宿五度。

其次推定身宫和身度。太阳管命，月亮管身，故月为身星，出生时月亮所在宫为身宫，所在度为身度。如某人癸未年丁巳月庚午日丙子时出生，出生时月在午宫柳宿七度，则午宫为其身宫，柳七度为其身度。

再次推定十二宫。十二宫有三种，一是黄道十二宫，以狮子、双子等标志；一是地支十二宫，以子、丑等标示。这里是指第三种十二宫，即命、相、福、官等十二宫，依每人命宫的位置而定，推定方法是先确定命宫所在，然后按顺时针方向依地支十二宫分别排列相貌宫、福德宫、官禄宫、迁移宫、疾厄宫、妻妾宫、奴仆宫、男女宫、田宅宫、兄弟宫、财帛宫。如某人命宫在亥宫，则相在子、福在丑、官在寅、迁在卯、疾在辰、妻在巳、奴在午、男在未、兄在酉、财在戌。

接着推定行限，即在上面推定十二宫的基础上，进一步将各宫限定在一点上。先在命宫中选一个基点，叫做以某岁为行限，选基点的方法是将命宫的十行度数，按逆时针方向分别定为十一至二十岁，命度在第几行就为十几岁。基点定后，作为相貌宫的年限，然后按相貌宫十年、福德宫十一年、官禄宫十五年、迁移宫八年、疾厄宫七年、妻妾宫十一年、奴仆宫四年半、男女宫四年半、田宅宫四年半、兄弟宫五年、财帛宫五年的顺序依次相加，便为各宫第九行，则其行限基点为十九岁，此为相貌限，可推知福德限为二十九岁，官禄限为四十岁，迁移限为五十五岁等。

然后推定宫主和度主。地支十二宫各宫主如下：子宫、丑宫，宫主为土星，五行属土；寅宫、亥宫，宫主为木星，五行属木；卯宫、戌宫，宫主为火星，五行属火；辰宫、酉宫，宫主为金星，五行属金；巳宫、申宫，宫主为水星，五行属水；午宫，宫主为日，属阳；未宫，宫主为月，属阴。二十八宿各宿度主如下：角、斗、奎、井，度主为木星；亢、牛、娄、鬼，度主为金星；氐、女、胃、柳，度主为土星；房、虚、昴、星，度主为日；心、危、毕、张，度主为月；室、觜、翼、尾，度主为火星；箕、壁、参、宿，度主为水星。

六十甲子年	纳音	长生	沐浴	六十甲子	纳音	长生	沐浴
甲子	金	巳宫	午宫	癸未	木	亥宫	子宫
乙丑	金	巳宫	午宫	甲申	水	申宫	酉宫
丙寅	火	寅宫	卯宫	乙酉	水	申宫	酉宫
丁卯	火	寅宫	卯宫	丙戌	土	申宫	酉宫
戊辰	木	亥宫	子宫	丁亥	土	申宫	酉宫
己巳	木	亥宫	子宫	戊子	火	寅宫	卯宫
庚午	土	申宫	酉宫	庚寅	火	寅宫	卯宫
辛未	土	申宫	酉宫	庚寅	木	亥宫	子宫
壬申	金	巳宫	午宫	辛卯	木	亥宫	子宫
癸酉	金	巳宫	午宫	壬辰	木	申宫	酉宫
甲戌	火	寅宫	卯宫	癸巳	水	申宫	酉宫
乙亥	火	寅宫	卯宫	甲午	金	巳宫	午宫
丙子	水	申宫	酉宫	乙未	金	巳宫	午宫
丁丑	水	申宫	酉宫	丙申	火	寅宫	卯宫
戊寅	土	申宫	酉宫	丁酉	火	寅宫	卯宫

己卯	土	申宫	酉宫	戊戌	木	亥宫	子宫
庚辰	金	巳宫	午宫	己亥	木	亥宫	子宫
辛巳	金	巳宫	午宫	庚子	土	申宫	子宫
壬午	木	亥宫	子宫	辛丑	土	申宫	酉宫
戊寅	水	申宫	酉宫	丙申	火	寅宫	酉宫
壬寅	金	巳宫	午宫	癸丑	木	亥宫	子宫
癸卯	金	巳宫	午宫	申寅	水	申宫	酉宫
甲辰	火	寅宫	卯宫	乙卯	水	申宫	酉宫
乙巳	火	寅宫	卯宫	丙辰	土	申宫	酉宫
丙午	水	申宫	酉宫	丁巳	土	申宫	酉宫
丁未	水	申宫	酉宫	戊午	火	寅宫	卯宫
戊申	土	申宫	酉宫	己未	火	寅宫	卯宫
己酉	土	申宫	酉宫	庚申	木	亥宫	子宫
庚戌	金	巳宫	午宫	辛酉	木	亥宫	子宫
辛亥	金	巳宫	午宫	壬戌	水	申宫	酉宫
壬子	木	亥宫	子宫	癸亥	水	申宫	酉宫

再后推定生旺死绝。星命家把一个人的生命循环过程分为十二个阶段，这就是长生、沐浴、冠带、临官、帝旺、衰、病、死、库、绝、胎、养。生旺死绝依出生年的干支而定，对应关系如上表。表中仅列出长生、沐浴所在地支宫名，其余十项所在地宫名可按十二地支顺推而出。如甲子年生，长生在巳宫，沐浴在午宫，冠带在未宫，临官在申宫，帝旺在酉宫，衰在戌宫，死在子宫，库在丑宫，绝在寅宫，胎在卯宫，养在辰宫。

④推定星格。

上述各项推定后，均标于星盘之上，并进行归纳分类，以星格的形式定出喜忌吉凶。星格是指反映一定吉凶关系的星神宫度组成的格局，对错综纷乱的因素可以起到简化作用。星格仍有许多种类型和名目，这里仅举简单的一例"入垣星格"，所谓入垣，即宫主居其本宫，具体格局如下：太阳在午宫，太阴在未宫，水星在巳宫、申宫，金星在辰宫、酉宫，火星在卯宫、戌宫，木星在寅宫、亥宫，土星在子宫、丑宫。此星格为吉格。

⑤星盘。

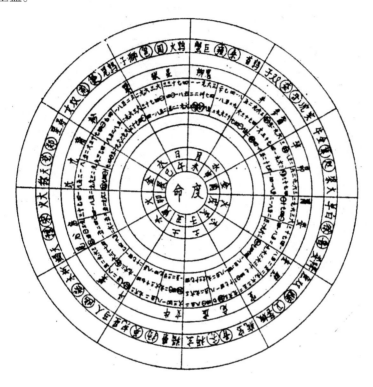

图二十六　星盘图形

上面屡次提到星盘，这是星命家的必备工具。星盘呈圆形，上面标有七曜、十二支、周天宿度、十二次、黄道十二宫、分野等，还要留出若干空行，以填写照上面介绍过的方法推算出的星神位置、命宫十二宫、宫主、度主等等。将各种内容集于一盘，比较便于整理归纳，确定星格，推断吉凶。下图为一星盘图形（图二十六）：中间一圈填写该人命度。外一圈为地支十二宫。第三圈为七曜。第四圈填写十一曜。第五圈填写命、相、福、官等十二宫。第六圈为二十八度数，其中标〇者为该宿初度（即零度到一度），标⊖该宿第一度。第七圈为二十八宿名称及位置，须与度数合看。第八圈填写神煞所在位置。第九圈为黄道十二宫、十：二次和分野。下图为元代星命家郑希城的《郑氏星案》中的一例，上面填上了推算出的各种内容（此星盘比上图少第三圈七曜，见图二十七）。

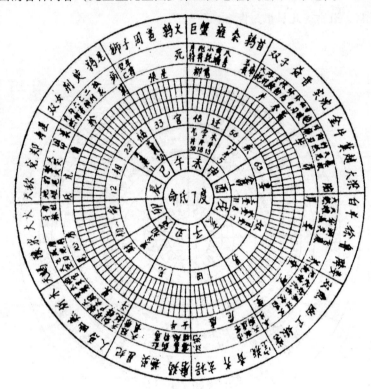

图二十七　已填入具体内容的星盘

126

第
四
讲

地灵之祭与风水之探

  中国古代，人们不但对浩渺的蓝天迷惑不解，面对苍茫的大地，他们也同样感到困惑，试图破解大地之谜。从现存的典籍来看，先秦的思想家们把天和地的起源看作同一个问题。老子认为，"有物混成，先天地生"，这就是"道"，天地和万物都是从道生出来的。庄子继承了老子的思想，认为道"未有天地，自古以固存，神鬼神帝，生天生地"。也有一些思想家认为，天地和万物是由气或元气演化而来的，具体地说，阳气上升为天，阴气下降为地。《黄帝内经·素问·阴阳应象大论》说："积阳为天，积阴为地。"《淮南子·天文训》谓："清阳者薄靡而为天，重浊者凝滞而为地。"纬书《河图括地象》则云："元气无形，汹汹隆隆，偃者为地，伏者为天。"像屈原提出的"东西南北，其修孰多"这样的问题，古人也进行过探索。《尚书·禹贡》记载说，大禹治水以后把天下分为九州，就是冀、兖、青、徐、扬、荆、豫、梁、雍。战国时邹衍提出一种"大九州说"，认为中国仅占天下的八十一分之一。《淮南子·地形训》则进一步推衍为"九州八极"，说在"九州之外，乃有八殥"，"八殥之外，而有八纮"，"八纮之外，乃有八极"，八极乃是天地之边界，有八山之门，这就是：东北方方土之山，苍门；东方东极之山，开明之门；东南方波母之山，阴门；南方南极之山，暑门；西南方编驹之山，白门；西方西极之山，阊阖之门；西北方不周之山，幽都之门；北方北极之山，寒门。此外，还有其他说法，如《尔雅·释地》提出"四海四极"说，《河图括地象》提出"四海八极"说等。也有人计算过大地的面积，如王充据邹衍说推算天下之大约 22.5 万里，他自己则推算南北 10 万里，东西 10 万里，总面积 100 万里。王充是将大地视为方形，《河图括地象》则认为东西与南北并不等长，东西 2.33 亿里，南北 2.315 亿里，夏禹所治四海内地东西 2.8 万里，南北 2.6 万里。由于古人认为"天圆地方"，把大地视为一个平面体，据以计算的前提就是错误的，上述数字自然纯出于推测。

上述关于大地的看法尽管在今天看起来荒诞不经，但却是古人探查大地奥秘的一种努力。如果将这种努力坚持不懈地进行下去，是有可能得出一些科学成果的。可惜的是，古代有这样的研究兴趣的人并不多，中国文化传统也不鼓励科学性的实证研究。由于巫教传统深刻而广泛的影响，对于大多数人来说，大地除了能提供衣食住行所必需的物质资料之外，还是个神秘的所在，居住着许许多多的神灵，内含着神秘的力量，这些神灵和神秘的力量虽然看不见，摸不着，却能影响人的生活，决定人的吉凶祸福和命运。于是，中国人崇拜数不清的地祇，并创造出风水术这样一种试图探查大地神秘力量的方术，这在世界上是独一无二的。

对神灵大地的礼敬和崇拜

对大地以及山川湖海的崇拜和祭祀是自然崇拜的重要方面，最初是出于对大地的感谢和敬畏，因为大地既为人提供了衣食之源，又因山崩、地震、河决等现象给人类带来灾难和威胁。随着时间推移，其中溶入越来越多的社会性内容。《国语·鲁语》在谈到祭祀对象时说："加之以社稷山川之神，皆有功烈于民者也……及地之五行，所以生殖也；及九州名山川泽，所以生财用也。"

社稷、方丘

《国语·楚语下》记载了一则重、黎绝天地通的故事，将天地断然分开，前者"属神"，后者"属民"。但是，在这个属民的世界里，除了人类之外，也有许多神灵。在仰视苍天时，人们除将日月星辰、风雨雷电这些具体的天体和气象视为神灵之外，还创造了"天帝"这样更高的神灵，以作为难以把握的苍天的代表。在俯察大地时，也是如此，人们除把具体的山、河、湖、海视为神灵以膜拜外，还创造出"社稷"、"后土"这样的代表性神灵，向他们表达对大地的礼敬和崇拜。古人有"父天而母地"的说法，后土地祇与天帝相对，甚至被认为是天帝的配偶。

（1）社稷之祭。

古人崇拜大地，但大地茫茫，无边无际，何处为其依托，可以献祭？为了解决这个问题，古人自然地想到了一个办法，这就是树立石或木以表示地祇，这就是"社"。《论语·八佾》记载宰我论"社"之言："夏后氏以松，殷人以柏，周人以栗。"《墨子·明鬼下》也说："昔者虞、夏、商、周三代之圣王，其始建国营都日……必择木之修茂者立以为鼓（丛）位（社）。"这是说用木。《礼记》说："天子建国，左庙右社，以石为主。"这是说用石。《淮南子·齐俗训》则云："有虞之祀，其社用土；夏后氏其社用松；殷人之礼，其社用石；周人之礼，其社用栗。"或用土，或用石，或用木，各代不一。大抵古人认为木、石、土、谷物皆可为神灵依托，立上一物即可。土堆难以长久挺立，木、栗易腐难存，今天已难觅其迹，但立石之祭在考古发掘中多有所见。如1965年在江苏铜山丘湾曾发现一处社祀遗迹，中心矗立着四块天然大石，以为社主，有的学者推测这是商代社祀遗址。甲骨文中有不少"土"字，据学者们研究，"卜辞之中'土'即'社'"。

从用土、石、木以为社看，社起源于人对土地自然力的崇拜。随着社会的发展，社会内容不断渗入自然崇拜之中，甚至占据了主要地位。社神即是如此。至迟在周代，社神已由自然性的神演变为社会性的神。《左传》昭公二十九年记载："共工氏有子曰句龙，为后土，后土为社。"《礼记·祭法》亦谓："共工氏之霸九州也，其子曰后土，能平九州，故祀以为社。"这是将社神改造成为人类立下大功的人神。"平九州"在其他地方也作"平九土"、"平水上"，实际是平定洪水。据童书业等人研究，共工与鲧乃是一个传说之分化，"共工"二字为"鲧"字之缓声，"鲧"字为"共工"二字之急音，共工有子句龙"能平水土"，也有子禹能"平水土"，据字义禹为有足之虫类（龙螭之属），句龙亦然。所以共工就是鲧，句龙就是禹。古籍中有禹为山川之主神的说法，如《尚书·吕刑》："禹平水土，主名山川。"又《史记·夏本纪》谓禹"为山川神主"。山川属土，山川之主也就是社神《淮南子·氾论训》中明确说过："禹劳天下，死而为社。"其说有古老渊源。大概由于禹后来被尊为古帝王，不再适宜担任土地之神，才把从他身上分离出来的一个相同神格奉为社神。

除社神外，另有稷神。《周礼·大宗伯》贾疏引《孝经援神契》云："社者五上之总神，稷者原隰之神。"《周礼·大司徒》贾疏进一步申论说："稷者，原隰之神，宜五谷。五谷不可遍举，稷者五谷之长，立稷以表神名，故属稷。"由此看来，与社神一样，稷神最初是对大地的生长力和维持人的生存的五谷的礼敬。后来，则逐渐由负责农业的官员取代。据《左传》昭公二十九年、《礼记·祭法》、《国语·鲁语》等书所载，过去烈山氏（又作厉山氏，厉、烈一声之转，当是传写之别）曾经为天下之主，其子名叫柱（又作农），能殖百谷百蔬，担任稷（田正），死后被奉为稷神，自夏以上祀之。在夏朝，周的祖先弃也担任稷，故商代以来，所祭稷神就变为弃了。

社为土神，稷为谷神，是有区别的，但由于二者皆有掌管农作物之功能（在稷来说是专职性的，在社来说是其多种职掌之一），故总是被合在一起，共同祭祀。《诗·周颂·载芟》序说："春藉田而祈社稷也。"《良耜》序也说："秋报社稷也。"可见天子祭社稷的典礼每年要举行两次。一次在春天，与藉田礼结合在一起，是对丰收的祈祷；一次是在秋天，是收获之后向社稷之神表示感谢。社有不同规格，天子为百姓所立之社叫大社，天子为自己所立之社叫王社，诸侯为百姓所立之社叫国社，诸侯为自己所立之社叫侯社。大夫以下，以宗族聚居而立社，大小也各不相同，或有州社，或有里社。《周礼·大司徒》谓："设其社稷之壝而树之田主，各以其野之所宜木。"也就是说，要建立一个土坛为社坛，四周围以围墙，坛上植上一树以象征神，称"田主"，各地社树不同，大约都是当地生长较多的代表性树木。天子社上要敷以五色土，据《逸周书·作雒篇》，东为青土，南为赤土，西为白土，北为骊（黑）土，中央为黄土。规格不同，祭礼也有差别。《礼记·月令》说："仲春之月，择元日命民社。"可知与天子一年两祭不同，民间每年祀社一次。从《周礼》、《礼记》的记载来看，天子祭祀社稷时身着希冕，祭品用太牢。在祭奉的祭品中，牲血很重要，故有"以血祭社稷"之说。祭社时击鼓伴奏，跳帗舞。

汉高祖刘邦还在楚汉战争时期，就曾下令沛县立公社（即官社）。天下安定后，又在丰县立席分榆社，每年春天以羊彘祠之。后根据有关官员的意见。令各县每年春二月及腊两次以羊豕祭祀稷，民间各社根据具体条件置办祭品，按时以祭。平帝时期，王莽认为汉家只立官社而无官稷，于礼不合，遂于官社后立官稷，以夏禹配食官社，以后稷配食官稷。官稷上种谷树。所谓谷树，即楮树，因楮树籽与谷相似，故种于稷上。东汉建武二年（公元26年），在洛阳立太社稷，位在宗庙之右，方坛，无屋，以符合《礼记》规定的"天子之社，必受霜露风雨，以达天地之气"的标准。每年二月、八月及腊祭祀三次，皆用太牢。还令天下郡县置社稷，以时致祭，惟州治所仅有社而无稷。魏晋南北朝时期，不少朝代立有太社、帝社、太稷三坛，常以岁二月、八月二社日祭祀，并令郡、国、县祠社稷，百姓则二十五家为一社。

隋代开皇初年，在含光门之右分别并建社、稷坛，仲春仲秋吉戊，各以一太牢致祭，牲色用黑。孟冬下亥，又腊祭之。州、郡、县则在仲春秋之月以少牢致祭，百姓亦各为社。唐代亦以仲春、仲秋二时戊日祭太社、太稷，社以句龙配享，稷以后稷配享。孟春吉亥，祭帝社于藉田，天子亲耕。宋代自京师至州县皆有社稷之祭，京师太社坛广五丈。高五尺，用五色土筑成。太稷坛在太社坛之西，规制相同。社以石为主，形如钟，长五尺，方二尺。围绕社稷坛的宫垣的颜色亦与方位相应。州县社主原来不用石，后亦令改用石，尺寸比太社石主减一半。元代社稷坛不用五色土，全用黄土。

明初建太社在东，社稷在西，坛皆北向，祀以春秋二仲月上戊日，社配以后土，稷配以后稷。皇帝亲祭，先服皮弁服省牲，祭祀时则服通天冠、绛纱袍，行三献礼。到洪武十年（1378年），明太祖认为社稷分祭及配享皆不妥，命礼官讨论，最后决定在午门之右建坛，合祭社稷，以仁祖配享，规格也由中祀升为上祀。建文时期，以太祖配享。仁宗以后，以太祖、太宗（即成祖）同配。嘉靖时，罢配享，并将西苑土谷坛改名为帝社稷，东为帝社，西为帝稷。隆庆时罢帝社稷，仅保留社稷坛。此外，明中都也建有社稷坛，其五色土是由直隶、河南进黄土，浙江、福建、广东、广西进赤土，江西、湖广、陕西进白土，山东进青土，北平进黑土。天下府县一千三百余城，各从名山高爽之地取土百肋以献。府州县社稷俱设于本城西北。民间则建里社，每一百户立坛一所，祀五土五谷之神。清沿明制，在端门之右（今中山公园内）建社稷坛，祭大社、大稷，奉后土句龙氏、后稷氏配。祭之日，坛上敷铺五色土，各如其方。其在地方，府称府社、府稷，州、县则称某州、县社、稷。

（2）方丘之祭。

上面说过，共工氏之子句龙"为后土，后土为社"，可知后土即社神。但到后来，由于社分成许多规格，天子、诸侯以及乡村基层单位皆得祀之，社神便具有了主管某一片土地之神的含义。为了在礼制上显示天子的高贵，表达"溥天之下，莫非王土"之政治意义，在社神之外，天子还祭地以与祭天对举，这是只有天子才能进行的祭礼，其他人不得僭行。《礼记·王制》说："天子祭天地，诸侯祭社稷。"表达的正是上述意蕴。从此，方丘祭地成为正祭，祭礼规格比社稷为高。所谓方丘，又称方泽，实际上就是一个四面环水的方形祭坛，象征着占人观念中的四面环海的大地。古人以为地属阴，故方丘建于国都北郊，与南郊的圜丘相对应。据《周礼·春官·大司乐》记载，祭地时的乐舞为："凡乐函钟为宫，太簇为角，姑洗为徵，南吕为羽，灵鼓灵鼗，孙竹之管，空桑之琴瑟，咸池之舞。"祭地时，祭品要瘗埋，《礼记·郊特牲》孔颖达疏解释说："地示在下，非瘗埋不足以达之。"也就是说，只有将祭品埋于地下，地神才会知道人们正在祭祀他，才能接受祭品。牺牲要用"黝牲毛之"，此外还要"以黄琮礼地"。

秦代不遵周礼，未有方丘之祭，秦始皇东巡时曾祭祀当地的"八神"，其中有一神名地主，祭祀地点在泰山梁父。汉高祖"甚重祠而敬祭"，在长安设置祠祀官、女巫，其中梁巫负责祭祀的神灵中包括地。汉武帝时，"罢黜百家，独尊儒术"，开始讲求古制。元鼎四年（前113年）郊祀上帝毕，武帝提出："今上帝朕亲郊，而后土无祀，则礼不答也。"有关官员经过讨论，认为天子应亲祠后土，"后土宜于泽中圜丘为五坛，坛一黄犊牢具。已祠尽瘗，而从祠衣上黄"。于是武帝东幸汾阴（今山西万荣县西南），立后土祠于汾阴脽上。武帝亲自望拜，如郊祭上帝礼。宣帝、元帝时期，每隔一年的正月便亲至汾阴祠后土。成帝时，有的朝臣提出郊祭不合占礼，遂改在长安北郊祭地，罢汾阴祠。后因乏子嗣，又恢复汾阴祭地之典。平帝即位，王莽柄政，于元始五年（5年）恢复南北郊制，不再在汾阴祭地。王莽还改变祠典，以正月上辛口天予亲至南郊圜丘，合祭天地。另于夏至日派遣有关官员祭地于北郊，以高后配享。尊称地神为皇堕后祇，兆曰广畴。祭坛为方形，以山川河流等地神从祀。东汉时期，沿袭西汉制度，在洛阳北郊四里建方坛四陛以祭地祇，位南面西上，以高皇后配享，西面北上，皆在坛上，以地理群神从食，皆在坛下。祭祀时，地祇和高皇后各用犊一头。祭毕送神后，瘗祭品于坛北。同时，东汉还保持着汾阴祠后土之礼。

魏初都洛阳，祭地沿袭东汉礼。明帝时，改正郊礼，将祭地礼一分为二，"方丘所祭曰皇皇后地，以舜妃伊氏配"（曹魏自称出自有虞氏，故祭舜妃），"地郊所祭曰皇地之祇，以武宣皇后配"。晋时又合二为一，明确了北郊即方丘祭地，但废除了以先后配享之制。南朝梁建方坛于北郊，上方十丈，下方十二丈，高一丈，四面各有陛，外围有两重挞。每隔一岁，于正月上辛祀后地之神于其上，牲以一特牛。礼以黄琮制币，以德皇后配享，五官之神、先农、五岳、沂山、岳山、白石山、霍山、无闾山、蒋山、四海、四渎、松江、会稽江、钱塘江、四望等神皆从祀。北齐祭地分为两种。在国都北郊营方泽坛，广轮四十尺，高四尺，四面各有一陛，其外有壝三重。夏至之日，于其上祭祀昆仑皇地祇，以武明皇后配享。从祀的神灵除神州之神、社稷、四镇、四海外，还有云云山、亭亭山、蒙山等近五十位山神，淮水、洒水、沂水等近三十位河神。又在北郊建坛，规制同圜丘，祀神州神于其上，亦以武明皇后配享无从祀之神。北周在国都北郊六里处建方丘，另在方丘之右建利州之坛。

隋代在宫城之北十里建方丘，共两重，皆高五尺，下重方千丈，上重方五丈。夏至之日，祭皇地祇于其上，以太祖配。神州、迎州、冀州、戎州、拾州、柱州、营州、咸州、阳州等九州的山、海、川、林、泽、丘陵、坟衍、原隰，并皆从祀。另在北郊建坛，孟冬祭神州之神。唐代初年，沿袭隋礼。太宗时期，房玄龄等人认为九州中除神州为国之所托外，其余八州与朝廷没有什么关系，因而在方丘祭地时"除八州等八座，唯祭皇地祇及神州"。高宗时期，礼官上言，认为在"方丘祭地之外，别有神州，谓之北郊，分地为二，既无典据，理又不通"，遂又取消神州之祀。则天武后时期，仅于南郊合祀天地。玄宗时期，重定夏至日方丘祭地之仪，仍以神州地祇从祀，并于孟冬专祭神州地祇。宋代在宫城之北十四里建方丘以祭皇地祇，另建坛祭神州地祇。元代无方丘之礼，只是偶尔在南郊祭天地。

明初，根据古礼，分祭天地于南、北郊，建方丘于钟山之阴，夏至日祀皇地祇于方丘，以五岳、五镇、四海、四渎从祀。洪武十年（1378年），明太祖因斋居阴雨，认为分祭天地，情有未安，主张"人君事天地犹父母"，不应使天地分离异处，遂建大祀殿于南郊，合祀天地，废方丘之制。嘉靖九年（1530），世宗认为天地合祀于礼不合，命分建南北郊，次年方丘建成，位于安定门外，即今地坛。清入关后，沿袭明制，在安定门外方泽水渠中设坛。方泽北向，围长四十九丈四尺四寸，深八尺八寸，宽六尺，逢祭祀之时，内中贮水。坛两重，上重方六丈，下重方十丈六尺，以合六八之数。坛面甃黄琉璃，每重都四面各有一陛，陛皆八级。二重南列岳镇五陵山石座，雕刻为山形；北列海渎石座，雕刻成水形。地坛之南建有、皇祇室，五楹，北向。坛外又有南北瘗坎各二。此外，还有神库、神厨、祭器库、乐器库、井亭、宰牲亭、斋宫、钟楼等附属建筑。

地理诸神

《礼记·祭法》说："山林川谷丘陵，能出云为风雨，见怪物，皆曰神。"在巫教信仰中，江河湖海山林丘陵都被视为神而受到崇拜祭祀，《山海经》中有许多关于山神的描写，并规定了对不同山神的不同祭法。洞庭湖流域信奉湘江水神，屈原《九歌》中曾描写过拟人化的水神湘君和湘夫人。北方崇拜黄河水神，甚至祭以人牲，河伯娶妇即其流变。后来，这些地理神都被列入国家祀典。但是，山川湖海散布在各地，除名山大川外，大多无法一一亲到其地祭祀，便只能远望而祭之，称为"望祭"。《周礼·春官·小宗伯》谓："兆五帝于四郊，四望四类，亦如之。"可知望祭也要像祭五帝那样，在四郊分别建坛以祭一方的名山大川，"望祭各以其方之色牲毛之"，即牺牲的毛色要与其方位相适应。据《大戴礼·三正记》说："郊后必有望。"可见望祭的正典是在郊祭后举行。望祭有时由天子主持，也有时由小宗伯或男巫主祀。望祭时，要着毳冕，奏《姑洗》之乐，歌《南吕》之曲，舞《大磬》之舞。

除郊祭后举行望祭礼外，天子巡狩时也行此礼。《尚书·舜典》记载，天子于岁二月东巡至岱宗，五月巡狩至于南岳，八月巡狩至于西岳，十一月巡狩至于北岳，都要"柴，望秩于山川"。此外，发兵之前祝告山川，都可望祭。上述皆为隆重的祭典，小规模的祭礼每年都要举行数次，《礼记·月令》即规定：孟春之月，命祀山林川泽；仲夏之月，命有司为民祈祀山川百源，仲冬之月，天子命有司祈祀四海大川名源渊泽井泉；季冬之月，乃毕山川之祀。

据《礼记·祭法》说："山林川谷丘陵，民所取材用也，非此族也，不在祀典。"在古代，除天子可祭祀天下所有山川诸神外，诸侯只能祭祀封国境内之山川，此即《礼祀·曲礼》所谓"天子祭山川，岁遍；诸侯方祀，祭山川，岁遍"，《礼记·王制》亦谓，"天子祭名山大川，五岳视三公，四渎视诸侯；诸侯祭名山大川之在其地者"。对诸侯来说，祭境内山川也是一项必须完成的义务，"山川神祇，有不举者，为不敬，不敬者，君削以地"。

秦始皇时，东游海上，行礼祠名山川。其时还设专祠祭名山大川。春、秋二季解冻、封冻时，举行祭礼，冬季则有塞祷之祭。名山五，即太室（嵩山）、恒山、泰山、会稽、湘山；大川二，即沸水、淮水。自华以西，名山七，即华山、薄山（襄山）、岳山、岐山、吴山、鸿冢、渎山（岷山）；名川四，即河水（黄河），祠于临晋，沔水，祠于汉中，秋渊，祠于朝那，江水，祠于蜀。其中鸿冢、岐山、吴山、岳山四大冢，皆有尝禾之祭，即以新收获的谷物祭祀；河水则加有尝醪，即以美酒祭祀。霸水、产水、丰水、涝水、泾水、渭水、长水，皆不属于大川，但由于地近首都咸阳，故得以比山川祠。沔水、洛水以及鸣泽山、蒲山、岳壻山之类，为小山川，亦于春、秋、冬三次祭祀，但礼节较简。除此之外的其他山川，朝廷无专门祭祀，由各郡县负责祭祀，分享一份祭礼。

汉高祖在长安置祠祀官、女巫，其中河巫负责在临晋祭河，南山巫负责祭南山及秦二世皇帝。后大封同姓诸侯，名山大川由各地诸侯设祝官各自奉祠。文帝即位第十三年（前167年），命朝廷的太祝按时祭祀名山大川如故。次年，以连年丰收，命令祭祀河水、湫水、汉水时各加玉二。武帝时，因将举行封禅礼，济北王将境内的泰山献与朝廷，后又将常山王迁至他处，收回北岳。这样，五岳逐步都掌握在天子手中，武帝四处巡狩，在13年的时间里，遍游五岳四渎，一一行祭。宣帝神爵元年（前61年），令祠官每岁四时祠祭江水、海、洛水及其他山川，自此五岳、四渎有了常祀。东岳泰山祠在博，中岳泰室祠在嵩高，南岳潜山祠在潜，西岳华山祠在华阳，北岳常山祠在上曲阳，河祠在临晋，江水祠在江都，淮水祠在平氏，济水祠在临邑，都由皇帝派遣使节持节侍祠。其中泰山与河每年祭祀五次，江水四次，其余皆岁祭三次。后又祠太室山于即墨，三户山于下密，之罘山于睡，等等。西汉末及东汉，合祀天地于圜丘，五岳、四海、四渎以及其他名山大川皆在坛上设神位从祀。魏晋南北朝时期，国家分裂，诸国割据，但各国皆自以为正统，祭祀天地时，凡以山川从祀，皆照顾到全国名山大川，如

积阳为天　积阴为地

东晋成帝立南、北二郊，北郊祀地，以五岳、四望、四海、四渎、五湖、沂山、岳山、白山、霍山、医无闾山、蒋山、松江、会稽山、钱塘江等从祀。同时，也考虑到地区限制，江南诸小山皆有祭秩。南朝沿袭东晋，无大差别。北齐从祀方泽的地理诸神也包括南方山川，但以北方山川为多。

隋代方丘祭地时，山、海、川、林、泽、丘陵、坟衍、原隰皆从祀。开皇中，文帝诏令祭祀四镇，即东镇沂山、南镇会稽山、北镇医无闾山、冀州镇（中镇）霍山。后又以吴山为西镇，合称五镇。唐代每年分别祭五岳、四渎、四海、四镇（中镇霍山除外）一次，各自于五郊迎气之日祭祀。东岳泰山祭于兖州，东镇沂山祭于沂州，东海祭于莱州，东渎大淮祭于唐州；南岳衡山祭于衡州，南镇会稽山祭于越州，南海祭于广州，南渎大江祭于益州；中岳嵩山祭于洛州；西岳华山祭于华州，西镇吴山祭于陇州，西海祭于同州，西渎大河亦祭于同州；北岳恒山祭于定州，北镇医无闾山祭于营州，北海祭于洛州，北渎大济亦祭于洛州。其牲皆用太牢，笾、豆各四。主祭者由各该处都督刺史担任。武则天时，封洛水之神为显圣侯，改嵩山为神岳，封山神为天中王太师、使持节大都督。山川之神而以人爵封号，自此始。其后，又封西岳为金天王，东岳为天齐王，中岳为中天王，南岳为司天王，北岳为安天王。玄宗时，又封河渎为灵源公，济渎为清源公，江渎为广源公，淮渎为长源公，九州镇山也都封为公。昭宗时，又封洞庭湖等湖泊为侯。

宋代袭用唐礼，五郊迎气之日在各规定地点祭岳渎海镇，还进一步为山川神灵加封。真宗时，尊东岳为天齐仁圣帝，南岳为司天昭圣帝，中岳为中天崇圣帝，并按照宗庙谥册制玉册，派专使前往各帝庙上册，由仪仗队伍前导而行。又加上五岳帝后号，东曰淑明，南曰景明，西曰肃明，北曰靖明，中曰正明，遣官祭告。仁宗时，封江渎为广源王，河渎为显圣灵源王，淮渎为长源王，济渎为清源王，东海为渊圣广德王，南海为洪圣广利王，西海为通圣广润王，北海为冲圣广泽王。徽宗时，加封东镇沂山为东安王，南镇会稽山为永济王，西镇吴山为成德王，北镇医无闾山为广宁王，中镇霍山为应灵王。辽代祭祀木叶山与辽河神，但祭山仪实际上是以祭天为主。金人特别尊崇其起源地长白山，初封为兴国灵应王，继而加封为开国弘道圣帝。元代无祭山川常仪，世祖中筚后曾遣使祭岳镇海渎凡十九处，分为东、西、南、北、中五道，各遣汉官、蒙古官一员前往致祭。

明洪武二年（1369 年），在正阳门外天地坛西建山川坛，设十九坛，祭祀太岁、春夏秋冬四季月将、风云雷雨、岳镇海渎、各地山川及其他各种神灵。不久，太祖认为岳渎诸神只合祭而无专祀，非尊神之道。经礼官讨论，决定不像前代那样在各地分立专祠，以岳镇海渎及天下山川城隍诸地祇合为一坛，春秋专祀，皇帝亲祭。明太祖还派遣十八名官员，分祭天下岳镇海渎之神。洪武三年（1370年），太祖指出"夫英灵之气，萃而为神，必受命于上帝，岂国家封号所可加？"他认为唐、宋以来为岳镇海渎加封，甚为不经，下令削去前代所封名号，只以本名称之，如岳称"东岳泰山之神"等，镇称"东镇沂山之神"等，海称"东海之神"等，渎称"东渎大淮之神"等。祭岳渎坛时，以天下山川附祭，附属国安南、高丽、琉球等境内的名山大川亦附祭，并派遣专使往安南、高丽、占城等，祀其国山川。洪武八年（1375年），大臣上言指出，京师已罢天下山川附祭而归各省，外国山川亦非天子所当亲祀，应附祭各省。于是以安南、占城、真腊、暹罗、锁里山川附祭广西，以三佛齐、爪畦附祭广东，日本、琉球、渤泥附祭福建，高丽附祭辽东。成祖迁都北京后，亦建山川坛，制同北京。嘉靖时期，改山川坛名为天神地祇坛，天神坛在左，地祇坛在右。地祇坛北向，分为五坛、五岳、五镇、五陵山（祖宗陵墓所在之山）、四海、四渎，各为一坛，并以京畿山川和天下山川从祀。以辰、戌、丑、未年仲秋，皇帝亲祭，余年遣大臣摄祭。隆庆初，罢天地神祇坛之祭。

清顺治初，在以岳、镇、海、渎配享方泽外，又在天坛之西建地祇坛，兼祀天下名山大川。顺治三年（1646年），定分遣大臣祭名山大川之制，北镇、北海合遣一人，东岳、东镇、东海一人，西岳、西镇、江渎一人，中岳、淮渎、济渎一人，北岳、中镇、西海、河渎一人，南镇南海一人，南岳专遣一人。后封兴京永陵山曰启运，福陵山曰天柱，昭陵山曰隆业，并列祀地坛。改祀北岳于浑源。康熙时，赐号凤台山曰昌瑞，封长白山神秩祀如五岳，又改祀北岳于混同江。康熙三十五年（1696年），为百姓祈福，遣大臣分行祭告，除五岳、五镇、四海、四渎外，并祭兀喇长白山。雍正时，赐号江渎曰涵和，河渎曰润毓，淮渎曰通佑，济渎曰永惠，东海曰显仁，南海曰昭明，西海曰正恒，北海曰崇礼。乾隆二年（1737年），封泰宁山曰永宁，附祀地坛。二十六年（1761年），接受礼臣建议，改岳镇海渎遣官六人：长白山、北海、北镇一人，西岳、西镇、西渎一人，东岳、东镇、东海、南镇一人，中南二岳、济淮二渎一人，北岳、中镇、西海、河渎一人，南海一人。光绪初元，加太白山神日保民，医巫闾山神日灵应。终清一代，其他山川之祀及赐号尚多，不一一列举。

城隍神·土地神·后土神·土地龙神

这些神的起源较晚，是社神和后土神的流变。城隍神俗称城隍爷，其起源可以追溯到《易·泰卦》"城复于隍"之说。据注释，隍是指没有水的护城壕。不过，古代未有城隍之神。相传孙权曾在芜湖设立城隍庙，大约其时已有此信仰。不过，关于此神可靠的记载，最早见于南北朝时期，《北齐书·慕容俨》传说："城中（郢州）先有神祠一所，俗号城隍神，公私每有祈祷。"南朝梁武陵王亦曾祀城隍。唐代，各地已建有不少城隍祠。宋代以来，城隍祠已遍及天下，朝廷屡有加封爵位、颁赐庙额之举。明代城隍祭祀更加隆盛，洪武二年（1309年）曾加封京都城隍为承天鉴国司民升福明灵王，开封、临濠、太平、和州、滁州城隍也皆封为王，其余城隍封为鉴察司民城隍威灵公，秩正二品，州城隍为鉴察司民城隍灵佑侯，秩三品，县城隍为监察司民城隍显佑伯，秩四品。洪武三年（1370年）命去封号，只称某府州县城隍之神。又令各庙撤去其他神灵之祀，专祭城隍。永乐年间，在都城之西建城隍庙，称做大威灵祠。嘉靖时，规定每年仲秋祭旗纛之日，祭祀京城城隍之神。凡圣诞节以及五月十一日神诞之日，也遣官祭祀。国有大灾则祭告城隍。各诸侯王国城隍，由诸侯王亲祭，各府州县城隍则由守令祭祀。清朝在关外建都沈阳时，将原城隍庙升为都城隍庙。入关后，除保留沈阳都城隍庙外，另在宣武门内建都城隍庙，每年仲秋及万寿节遣官祭祀，顺治时遣太常卿，雍正时改遣大臣，后又改遣亲王行礼。此外，在禁城西北隅建有禁城城隍庙，在西安门内建有皇城城隍庙，称为永佑宫，每年万寿节或季秋遣内府大臣致祭。各府、州、县也都建有城隍庙，由地方长官主祭；筑坛祭祀时，也要奉城隍神位安放在坛正中。由于城隍起源较晚，在他身上已看不到对土地的自然属性的崇拜，而是表现为人神。具体说来，城隍是被城墙围绕的城镇的保护神，他有责任保持本地区人民不受天灾人祸的侵害。由于每个城隍都是与特定地区相联系的，各地区的城隍神有时有自己的专名，为某地区百姓造福的人，死后很可能被该地区人民认为已成为本地城隍。

土地神俗称土地爷，与城隍的性质类似，但属于城隍神的下位神，每位土地爷主管一小片地域。在明代以前，城隍神最低限于县城，但明中后期以来，由于县级以下的市镇的勃兴，有些市镇也立了城隍庙，土地庙则主要立于乡村。土地爷的信仰起于何时尚不清楚，据《搜神记》卷五记载，三国吴时，有人在建康（今南京）钟山遇到了东汉末年因追击盗贼受伤而死的蒋子文，他自称当为此地土地神，让给他立庙。可见，此时已有土地神信仰。后来，这种信仰越来越广，遍及全国，各地纷纷兴建土地庙。与城隍一样，有些对本地有功德的人被立为本地土地爷。

前已说明，后土本为社神，后又成为与天神相对的地祇，人们往往将两者合称为"皇天后土"。天为阳，为男，地为阴，为女，后土被视为女神，唐代全国各地曾建立了许多后土夫人祠，《玉匣记》还将三月十八日定为后土娘娘的生日。道教也将后土神吸收到自己的神谱之中，不过变为男神，如北京的白云观后土殿供奉主神就是"后土皇帝"。后来，从这种一般意义的后土神又分化出一种专门性的后土神，称为"后土氏"，其职能是守墓，举凡造墓、埋葬、迁葬，均要向此神祈祷。《大唐开元礼》卷一百三十八记载，祈祷仪式要在面向墓地的右方举行。《朱子家礼》则规定，上坟之前打扫坟墓时，要拜后土神，上坟当天拜完祖先，也要再拜后土神。清代中期以后，有些地区还在墓侧树立象征后土神的石碑，其位置用罗盘选择。

土地龙神保持着较浓的自然属性，大约是土地崇拜和龙神崇拜的结合。这种神灵和风水术有密切关系。风水家认为名山或灵山顶上有龙神，从龙神所在位置到山脚有一条龙脉。土地龙神也被视为土地的守护神，人们用红纸写上"土地龙神"、"龙神"等字样，也有的刻在红木板上，安放在家宅中神龛下同地面连接处，庙宇中则大多置于本尊之下，但墓地不用。安放土地龙神，主要是表示家宅或庙宇的中心是在龙穴之上。

风水：对大地灵气的探寻与应用

"体赋于人者，有百骸九窍；形著于地，有万水千山。"在"天人合一"的思维定式下，人不仅与天具有相似对应的关系，与地也有同样的关系；正是由于相信人与地之间的沟通与感应，风水术才得以生成和发展。所谓风水，又有形法、堪舆、相宅、青鸟术、青囊术等多种名称，实际上就是根据山形、山位、河流方位、流向以判断地相、家相、墓相吉凶的一种学说。正如尹弘基所指出的，"中国风水建立在以下三个前提的基础上：①某个地点比其他地点更有利于建造宅第或坟墓；②吉祥地点只能按照风水的原则通过对这个地点的考察而获得；③一旦获得和占有了这个地点，生活在这个地点的人或埋葬在这个地点的祖先和子孙后代，都会受到这个地点的影响"。与星象学一样，风水术的大量内容是荒诞不经的，但在社会上却历久不衰，透过风水术可以窥探中国人的深层心理结构和中国文化的特点。

风水术的发展过程

（1）风水术的源头。

具有系统的理论和完整的技术形式的风水术出现稍晚，但其源头却可追溯到遥远的原始社会。一方面，当时人们沉浸在万物有灵的观念中，对地形也感到惊奇，认为地形为某种神灵化身或具有灵性；另一方面，当时人类已选择某些洞穴居住，并为死者选择葬地，这种选择活动可以称为"相地"。这两方面合在一起，可以说是风水之滥觞。随着社会进步和农业的发展，人们逐步定居下来。《墨子·辞过》说："古之民未知为宫室时，就陵阜而居，穴而处。"可见这时人类对居住环境的选择已进了一步，已不再依靠天然的洞穴，而是选择山丘挖穴而居，大约如今日陕北之窑洞。再往后来，人类已掌握了建造房屋的技术，便离开洞穴，架屋而住。从大量的考古发掘来看，早在四五千年前，人类已不是漫无目的地择地架屋，房址大多是距离河流较近的、有一定坡度的、土质干燥坚实的台阶地，且房屋大多坐北朝南、背坡临水、子午向，这些原始人就已坚持的造房原则，后来构成风水术的最基本的理论。

进入阶级社会以后，选择建筑物的基址成为一项越来越复杂的活动。现存甲骨文中有言"宅丘"者，说明殷人仍有居丘（丘即陵阜，指河流的台阶地带）之俗。最能反映当时人之相宅活动的，当推《诗·大雅·公刘》，兹节引如下，并附译文：

笃公刘，	公刘忠于周之大业，
于胥斯原，	前往豳地察看原野。
既庶既繁，	从者众多，浩浩荡荡，
既顺乃宣，	顺适和乐，心情舒畅，
而无永叹。	没有长叹，没有悲伤。
陟则在巘，	观察地势，登上孤山，
复降在原。	又下孤山，来到平原。
何以舟之？	身上佩带什么装饰？
维玉及瑶，	是那宝玉和美石。
鞞琫容刀。	玉饰刀鞘，光辉映日。
笃公刘，	公刘忠于周之大业，
逝彼百泉，	先去察看百泉汇集，
瞻彼溥原；	再去视察平原大地；
乃陟南冈，	他又登上南面冈陵，
乃觏于京。	京地沃野尽在望中。
京师之野，	京师郊野，广建屋宇，
于时处处，	周民于是乐业安居，
于时庐旅，	周民于是暂寄暂居，
于时言言，	于是融融笑语喧哗，
于时语语。	于是融融喧哗笑语。

　　公刘率领族人自邰迁豳是先周史上的大事，该诗即专为咏叙其事而作，上引两章，一章主要描述公刘率领族人来到豳地后，他登山历原，察看地势；另一章描写他在分别察看了山冈、原野、水源之后，最终确定了基址，建立屋室，定居下来。后世的风水师在具体操作技术方面虽然复杂得多，但对山川地势的总体勘察过程，与公刘却极相似。

　　先秦时期，人们的地理学知识日见丰富，地理学文献续有增加，也为后世的风水学提供了依据和素材。从甲骨文和先秦典籍来看，其时人们对地形和水文有了明确的划分，如陆地分成山、阜、丘、陵、冈等，水域分为川、泉、河、涧、沼、泽、江、氾、沱等，河床地带分为兆、厂、渚、浒、淡等。《尚书·禹贡》全文虽仅1200字，却是我国古代文献中公认的一篇具有系统性地理观念的作品，它以少数山川和海把疆域分为"九州"，即九个大的自然区，影响很久。《禹贡》中有"导山"一段，记载了黄河、淮河、长江三大流域间的20余座山岭（如图二十八），其方式是列举山名，由西而东分为三列，带有偏东北或偏东南的走向，这成为后世风水家所谓的"龙脉"的依据之一。《山海经》是先秦的另一部著名的地理文献，但其幻想成分较多。其中《山经》又称《五藏山经》，把疆域区分为东、西、南、北、中五个部分，分别叙述了各部分中的山脉（如图二十九），南、北二区各有三列，西、东二区各有四列，中区多达十二列。很显然，《五藏山经》将《禹贡》所列的山的行列复杂化了，但由于并非建立在实测基础上，故多属想象之辞。书中列举了许多神怪和神秘的山穴，渲染了山的神秘性。

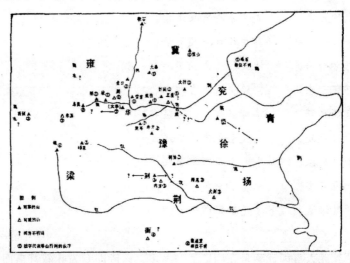

图二十八　《禹贡》九州导山导水示意图

《管子》一书中也有几篇地理文献，其与风水关系最密者，一是对草木茂盛的中也有几篇地理文献，其与风水关系最密者，一是对草木戊盛的山较为重视，有"苟山之见荣者，谨封而为禁，有动封山者，罪死而不赦"之说，二是提出"五土配五音"的观念，如谓："其木宜蚖苍与杜松，其草宜楚棘。见是土地，命之日五施（施为度量单位，长七尺），五七三十五尺而至于泉，呼音中角。其水

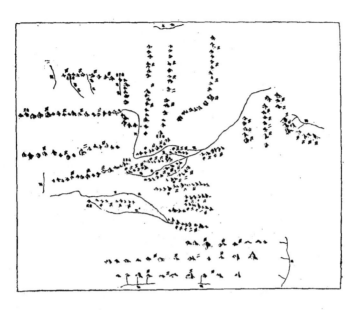

图二十九　《五藏山经》示意图

仓（苍），其民强，赤垆（在土质黑中带红）历强肥（坚），五种无不宜。”这种观念被后世风水术发展成为“五音五行”理论。此外，先秦古籍还有“土宜”之说，与“天时”相对应，《逸周书·度训》说：“土宜天时，百物行治。”《周礼·大司徒》所言稍详：“以土宜之法辨十有二土之名物，以相民宅而知其利害，以阜人民，以蕃鸟兽，以毓草木。”所谓“十有二土”就是与十二次相对应的分野，我们在上章星象学一节中已介绍过。《周礼》的说法给风水术以很大启示，使他们在“相地”的时候，也注意“观天”，以求得天地对应。

再者，先秦营建城池宫室除先行相地外，还要占卜，甲骨文中有“白子卜，宾贞：我乍（作）邑”？“乙卯卜，争贞；王乍邑，帝若？我从，之唐”。这是商王修建城邑需占卜以定吉凶的明确记录。又《诗·大雅·绵》记载古公亶父率族人迁到岐山之下，“爰契我龟，曰止曰时，筑室于兹”，即占卜之兆显示可以在此居住，才筑室定居。《尚书·召诰》记武王克商后，欲迁九鼎于洛邑，于是“太保朝至于洛，卜宅”。《尚书·洛诰》记周公欲营建洛，“我卜河朔黎水，我乃卜涧水东，瀍水西，惟洛食。我又卜瀍水东，亦惟洛食。伻来，以图及献卜”，经过反复占卜才最终确定下基址。埋葬死者也要占卜，《周礼·春官·小宗伯》的职掌中有王崩后"卜葬兆宅"一项，据注疏："王丧七月而葬，将葬，先卜墓之莹兆，故云卜葬兆也；云甫竁者，既得吉而始穿地为圹。"可见，墓址需由占卜决定，挖掘墓穴也要占卜得吉才能开始进行。

（2）风水术的出现。

战国后期，阴阳五行等学说风行于世，这给风水术的兴起提供了理论框架。随着时间发展，人们将阴阳、五行、八卦、天干、地支、方位、月律、五音、四兽等等配合起来，构成下图（图三十）。此图是风水理论的基本法则。

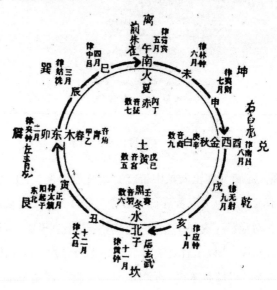

图三十　阴阳、五行、八卦、天干、地支、月律、五音关系示意图

在《汉书·艺文志》中著录有《堪舆金匮》与《宫宅地形》二书。前者凡24卷，归在"五行类"；后者凡20卷，归在"形法类"。"堪舆"一词，最早见于《史记·日者列传》褚先生记："孝武帝时，聚会占家问之，某日可取妇乎？五行家说可，堪舆家日不可。"这里虽提到"堪舆"，但其意不太明显。据《论衡·讥日》记载，"忌日之法，盖丙与子卯之类也，殆有所讳，未必有凶祸也，堪舆历，历上诸神非一，圣人不言，诸子不传，殆无其实，天道难知"。《淮南子·天文训》亦云："北斗之神有雌雄，十一月始建于子，月从一辰，雄左行，雌右行，五月合午谋刑，十一月合子谋德，太阴所居，辰为厌日，厌日不可以举百事，堪舆徐行雄以音知其雌，故为奇辰。"有的学者据此推测，"堪舆"最初为与

天有关的诸神，这种说法是有道理的。《汉书》卷八十七引扬雄《甘泉赋》孟康注云，"堪舆，神名，造图宅书者"，可为佐证。后来，"堪舆"引申为"天地"。《文选·甘泉赋注》"《淮南子》曰：堪舆行雄以知雌。许慎曰：堪，天道也，舆，地道也"。清代学者朱骏声《说文通训定声》解释说："盖堪为高处，舆为下处，天高地下之义也。"由此看来，《堪舆金匮》并非专讲风水方位，但包括这方面内容。《宫宅地形》的内容当比较集中，主要讲相宅相地之法，可惜其内容久已亡佚。王充《论衡·诘术》中曾引用"图宅术"的说法："图宅术曰：宅有八术，以六甲之名数而第之，第定名立，宫商殊别，宅有五音，姓有五声，宅不宜其姓，姓与宅相贼则疾病死亡，犯罪遇过……图宅术曰：商家门不宜南向，徵家门不宜北向，则商金，南方火也，徵火，北方水也，水胜火，火贼金，五行之气不相得，故五姓之宅，门有宜向，向得其宜，富贵吉昌，向失其宜，贫贱衰耗。"王充所引是对"五音五行"理论的运用。大体说来，西汉风水术的核心是关于建宅的"五姓图宅"理论。所谓"五姓"，就是按发音时唇、舌、齿的张歙缩撮等不同位置将姓氏划分为五类，舌居中者为宫，口张者为商，舌缩者为角，舌柱齿者为徵，唇撮聚者为羽，每类冠以不同的五行属性，宫属土，商属金，角属木，徵属火，羽属水。"五姓图宅"就是根据姓氏属性推断宅门所宜方位。

秦汉时代不仅有术士专门研究风水术，写成系统书籍，而且在社会上，风水观念也越来越普遍，上至帝王，下至百姓，无不信之。秦始皇很相信"王气"，有望气者说"五百年后金陵有天子气"，秦始皇便"东游以压之，改其地曰秣陵，堑北山以绝其势"。又"广州治背山面海，地势开阳，风之所蒸变，日月之所摩荡，往往有雄霸之气。城北马鞍岗，秦时常有紫云黄气之异，占者以为天子气。始皇遣人衣绣衣，凿破是冈"。这是秦始皇故意破坏某地"风水"，以驱除其"王气"，避免有人起来取代他准备"传之万世"的嬴秦王朝的统治地位。秦代也已有了"地脉"观念。据《史记·蒙恬列传》记载，秦始皇死，秦二世篡位，逼大将蒙恬自杀，蒙恬自认无罪，想了良久才想起自己当死之由，是因掘了地脉："恬罪固当死矣！起临洮，属之辽东，城堑万余里，此其中不能无绝地脉哉？此乃恬之罪也。"秦汉时代，平民百姓也已注意选择葬地。韩信为"布衣"时，"其母死，贫无以葬，然乃行营高敞地，令其旁可置万家"。东汉袁安父死，他访求葬地，路遇三位书生指点说："葬此地当世为上公。"汉代起造屋宅，还有许多禁忌。如《论衡·四讳》列举当时大忌讳，其中有"讳西益宅，西益宅谓之不详"，即不能在已有的房屋基础上向西增建房屋，据《风俗通》解释，这样会妨碍家长，因为"西者为上"。冯梦龙《古今笑史·塞语部》记载了一则笑话："徐孺子，南昌人，与太原郭林宗游，同稚还家。林宗庭中有一树，欲伐去之，云'为宅之法，正如方口，口中有木，困字不详'。徐曰：'为宅之法，正如方口，口中有人，囚字何殊？郭无以为难。"这则笑话一方面说明当时有些著名学者并不相信风水，另方面也说明了风水影响之广泛。避免犯"囚"字禁，成为风水的一条原则。汉代还忌"太岁"，太岁所在之处，不可动土，否则会有灾殃。

　　三国魏晋南北朝时期，风水术更为流行，出现了许多风水术专家。三国时管辂精通各种术数，包括风水。据说，他路过毋丘俭墓地，倚树而叹："林木虽茂，无形可久；碑诔虽美，无后可守。玄武藏头，苍龙无足，白虎衔尸，朱雀悲哭，四危以备，法当灭族，不过二载，其应至矣。"后果应验。当时，民间也活动着许多风水师。据说，有个善相墓者对羊祜说，如果他凿开祖墓，可以"出折臂三公"，但要断后。羊祜依言凿墓，果然官至尚书，但骑马时跌断了手臂，也没有后人。这一时期，风水术在理论方面也有发展。除"五音图宅"继续盛行外，东汉时期开始兴起的"葬地兴旺"之说至此更加成熟，东晋郭璞对这一理论的发展作出很大贡献。郭璞被后世尊为风水术的祖师爷，相传他与管辂一样，精通多种术数，也善相墓。张澄葬父，"郭璞为占地说：葬某处，年过半百，位至三司，而子孙不蕃。葬另某处，年几减半，位至卿校，而累世显贵。澄乃摘劣处葬父，结果位至光禄，年六十四而亡，其子孙昌炎"。现存风水典籍有一种名《葬经》，被推为风水术之经典，署名郭璞所作，当系伪托，但此书很可能成于南北朝时期。该书提出：

　　　　葬者，乘生气也。夫阴阳之气，噫而为风，升而为云，降而为雨，行乎地中而为生气；生气行乎地中，发而生乎万物。人受体于父母，本骸得气，遗体受荫。盖生者气之聚，凝结者成骨，死而独留。故葬者反气纳骨以荫所生之道也……经曰：气乘风则散，界水则止，古人聚之使不散，行之使有止，故谓之风水。风水之法，得水为上，藏风次之。

这是"风水"这个术语首次见诸典籍。本书所讲的藏风、得水、聚气理论，构成风水术的基石。

此外，还应看到，佛教在东汉传入后，奎魏晋南北朝大盛，对风水也起到推动作用。首先，佛教有地、水、火、风为"四大"之说，给风水以启示，"夫火水风皆气之化，而地形实孕焉，释氏四大假合之论，其穷格非世儒所能焉，可谓精矣"。其次，佛僧建造寺院，很注重选址，称为"按行"，与风水家之相地极相似，也对风水术有影响。据佛教故事，佛祖释迦牟尼就很注意选择居住环境，如《敦煌变文集》卷四《降魔变文》就记载了佛祖派舍利佛协助须达长者去选择伽蓝（寺院）地址的故事：

> 须达既蒙授请，更得圣者（舍利佛）相随，即选壮象两头，上安楼阁，不经旬日，至舍卫之城，遂与圣者相随，按行伽蓝之地。先出城东，遥见一园，花果极好，池亭甚好，须达抱鞭向前，启言和尚："此园堪不？"舍利佛言长者："园虽即好，葱蒜极多，臭秽熏天，圣贤不堪居住。"须达回象，却至城西……勒鞭回车，行至城北，又见一园，树木滋茂，启言和尚："此园堪不？"舍利佛言长者："此园不堪，别须选择。"……又出城南按行。去城不远不近，显望当途，忽见一园，竹木非常葱翠，三春九夏，物色芳鲜，冬际秋初，残花蓊郁……舍利佛收心入定，敛念须臾，观此园亭，尽过无患……既见此事，踊悦身心，含笑舒颜，报言长者：此园非但今世，堪住我师，贤劫一千如来，皆向此中住止，吉祥最胜，更亦无过，修建伽蓝，唯须此地。

围着舍卫城几乎转了一圈，才选定这个吉祥宝地。中国僧人选择寺址，亦煞费苦心，所选多为山清水秀、环境优美之地，故俗有"天下名山僧占多"之谚。佛教在其大众层面上，本与巫术相通，故后世僧人中善相地术者很多。

（3）形法与理法：风水的两大流派。

直到隋代，"五音图宅"理论仍很盛行。但这一理论在使用时存在一些问题，如各种姓根据什么标准确定其音属大成疑问，因而逐渐受到有识之士的责难。对这一理论批判最严厉的是唐朝初年的吕才。他指出，五音图宅之说，"验于经典，本无斯说。诸阴阳书，亦无此语，直是野俗口传，竟无所出之处。唯《堪舆经》黄帝对于天老，乃有五姓之言。且黄帝之时，不过姬、姜数姓，暨于后代，赐姓者多。至如管、蔡、郕、霍、鲁、卫、毛、聃、郜、雍、曹、滕、毕、鄷、郇，并是姬姓子孙；孔、殷、宋、华、向、萧、亳、皇甫，并是子姓苗裔。自余诸国，准例皆然。因邑因官，分枝布叶，未知此等诸姓，是谁配属？又检《春秋》，以陈、卫及秦并同水姓，齐、郑及宋皆为火姓，或承所出之祖，或承所属之星，或取所居之地，亦非宫、商、角、徵，共相管摄。此则事不稽古，义理乖僻者也"。吕才之论加速了图宅术的衰落过程，但并未阻止风水术的发展，他本人也被后世尊为风水大师，并出现了《阴阳书》、《吕才宅经》等托名于他的风水书。传世的《黄帝宅经》序中列举了二十九种宅经，其中包括《吕才宅经》，可见其出世在吕才之后。序中提到，"近来学者多攻五姓、八宅、黄道、白方"，可见图宅术的确受到越来越多的责难，不为人所信，《黄帝宅经·总论》谓造宅"唯看天道，天德月德生气到，即修之，不避将军、太岁、豹尾、黄幡、黑方及五姓宜忌，但随顺阴阳二气为正"。原来以前非常重视的"五姓宜忌"，这时却认为无妨碍了。

　　既然在数百年间一直作为风水术的理论基础的图宅术失去了权威性，风水师们就必须寻找新的理论。在这种理论探寻过程中，逐渐形成两大流派，即理法派与形法派。据赵翼《陔余丛考》记载，形法派理论"肇于赣州杨筠松、曾文遄、赖大有、谢子逸辈，其为说主于形势，原其所起，即其所止，以定向位，专指龙穴砂水之相配"，故又称赣（江西）派理论，也有形势派、峦体派、三才派等称呼。该派的重要经典《疑龙经》、《撼龙经》、《葬经十二杖》皆托名杨筠松作，从这些书的内容看，该派探究的主要是阴宅理论，阳宅理论是从阴宅理论中引伸出来的。该派大大发展了《葬经》中提出的"生气"理论，并与觅龙、察砂、观水、点穴相互融合，广加运用，形成风水术中的主流派。

　　理法派"始于闽中"，故又称闽（福建）派，也有宗庙派、屋宅派、三元派等称呼。该派起源较形法派为晚，据元代赵访记载，"赣人相传，以为闽士有求葬法于江西者，不遇其人，遂泛观诸郡名迹，以罗经测之，各识其方，以相参合，而傅会其说如此，盖盲者扣盘扪烛以求日之比。而后出之书，益加巧密，故遂行于闽中，理或然也"。也就是说，福建有人到江西学习风水，未得其传，便到自然中去，研究那些被公认为风水宝地的地方，总结出一套理论，形成理法派。本派"至宋王伋乃大行，其说主于星卦，阴山取向，阳山取向，纯取五星八卦，以定生克之理"，可见该派与此前流行的各种术数关系较密，特别是与汉代的六壬家，有直接的渊源关系。与形法派主要观察自然形势不同，该派将风水术进一步神秘化了，将阴阳、八卦、河图、洛书、天星、天干地支、生肖等统统纳入理论体系之中，以八卦、十二支、天星、五行为四纲，讲究方位，十分复杂。

形法派与理法派形成后，双方之间相互攻击，自诩正宗。逐渐地，形法派压倒理法派，成为风水的主流，而理法派仅传于浙中，用之者鲜。

罗盘：经天纬地的神秘工具

风水师探寻吉地，除靠眼睛观察外，还要使用一些工具，其中最主要的是罗盘，被尊奉为"罗经"，取包罗万象、经纬天地之义。罗盘的出现及其复杂化，有一个长期的过程。

三代时期，人们通过占卜选择宫室基址，选定后，需要确定中心，当时大概是依靠揆日瞻星来测定的。《诗·国风·定之方中》有云："定之于中，作于楚宫，揆之以日，作于楚室。"据解释，定即定星，又叫营星，当夏历十月的时候，此星在黄昏时分出现在天之正中，古人认为这时可以营建宫室。"揆之于日"，就是依靠日影测定东西南北方位，这实际上就是"土圭法"。从甲骨文的有关资料来看，商代已掌握了这种技术，卜辞中有"臬"字，是树立木竿以为标杆，"甲"字是木竿上端有交横木，"丨"、"卝"二字是指立木，"土"如木棒插土之形，这些东西都可用来测量日影。至周代，应用更广，《周礼》一书中多次提到土圭，如《夏官·司马》说："土方氏掌土圭之法以致日景，以土地相宅，而建邦国都。"土圭究竟如何使用，从《冬官·考工记下》的记载可以推知："匠人建国，水地以县（悬），置槷以县（悬），眡以景，为规，识日出之景与日入之景，昼参诸日中之景，夜考之极星，以正朝夕。""水地以县"，就是观察木杆的影子，"为规"，就是以柱长为半径、柱立处为圆心画圆，"识日出之景与日入之景"，就是测量日出日入的影子，"昼参诸日中之景，夜考之极星，以正朝夕"，就是白天依据太阳的影子，晚上依据极星，以测定方位的正确性（如图三十一）。可见，所谓土圭法，就是在水平的地中央竖柱，并通过悬绳使之垂直于地面，然后观察太阳在日出与日落时柱子在水平地面上的投影，这两个影子以柱为圆心、柱长为半径所画的圆的两交点线即正东西方向，再参考正午时的柱影或夜晚极星的方位来校正。

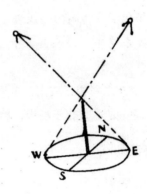

图三十一　土圭法示意图

战国时期，人们根据磁石指南的特性，发明了司南。《韩非子·有度》说："先王立司南以端朝夕。"《鬼谷子·谋》亦谓："郑人之取玉也，载司南之车，为其不惑也。"可知当时司南已得到普遍运用。司南是最早的指南针，形制比较简单，主要是由勺和栻组成。勺用磁铁制做，底部呈圆形，可以在平滑的盘上自由旋转，当勺静止时，勺柄就指向南方。栻是一个方形盘，用铜质或木质材料制成，盘的四周刻有天干、地支和八卦，其中天干中戊己应在中心不刻，八天干、十二地支再加上乾坤巽艮四维共有二十四向，作为司南的定向（如图三十二）。

在汉代，"六壬术"很盛行，这是以阴阳五行学说为依据的一种占卜术。水、火、木、金、土五行之中，以水为首；甲、乙、丙、丁、戊、己、庚、辛、壬、癸十天干中，壬、癸皆属水，壬为阳水，癸为阴水，舍阴取阳，故名为"壬"；在六十甲子中，壬有六位，即壬申、壬午、壬辰、壬寅、壬子、壬戌，故名"六壬"。当时，人们创造了一种供六壬占卜使用的工具，这就是六壬式盘（如图三十三），近代考古中屡有出土。六壬式盘分为天盘与地盘两部分，天圆地方，天盘嵌在地盘当中，中有轴可以自由转动。北宋杨维德《景佑六壬神定经》记载造式之法云："天中作斗杓，指天罡，次列十二辰、中列二十八宿，四维局。地列十二辰、八干、五行、三十六禽。天门、地户、人门、鬼路，四隅讫。"也就是说，天盘中央为北斗七星，次列十二辰或十二神将（十二月将为：征明，亥将，

图三十二　汉代司南模型

正月将；天魁，戌将，二月将；从魁，酉将，三月将；传送，申将，四月将；胜先，未将，五月将；小吉，午将，六月将；太一，巳将，七月将；天罡，辰将，八月将；太冲，卯将，九月将；功曹，寅将，十月将；大吉，丑将，十一月将；神后，子将，十二月将）象征十二月，外列二十八宿，代表列宿。地盘列天干，代表五行：东方甲乙木，南方丙丁火，西方庚辛金，北方壬癸水，中央戊己土，分寄于天、地、人、鬼四隅。地盘上的十二辰，象征八方及日出之方位。杨维德所言是后来形制，较汉制稍繁。从出土实物看，汉代六壬式盘天盘中绘北斗七星，周边有两圈篆文，外圈为二十八宿，内圈为十二个数字，代表十二月将。地盘有三层篆文，内层是八干四维，中层为十二支，外层为二十八宿。使用时，转动天盘，以天盘与地盘对位的干支时辰判断吉凶。在初期，六壬式盘大约只用于卜算做某事日子的吉凶，后来其用途不断推广，也用于判断方位的吉凶，与风水术发生关联。《唐六典》卷十四记六壬术用于九个方面，"一曰嫁娶，二曰生产，三曰历法，四曰屋宇，五曰禄命，六曰得官，七曰祠祭，八曰发病，九曰殡葬"，其中第四和第九个方面肯定与风水有关。

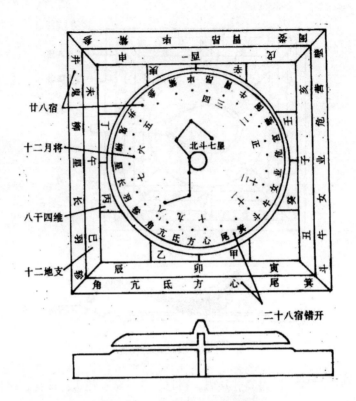

图三十三　汉代式（六壬式盘）

在唐代或其后出现的《黄帝宅经》中，以阴阳八卦配干支，分为二十四路为建宅的指导原则，是将六壬式盘应用到相宅中。该书中载有阴阳二宅图并有较详细的说明，阳宅图如下所示（如图三十四）。

书中说："二十四路者，随宅大小中院分四面，作二十四路，十干（应为八干，戊己不用）、十二支、乾、艮、坤、巽，共为二十四路是也。""二十四路"又称"二十四山"，也就是住宅四面的二十四个方位，其表示法与司南同。据《宅经》解释，乾、震、坎、艮以及辰属于阳位，坤、巽、离、兑以及戌属于阴位，阳以亥为首，巳为尾，阴以巳为首，亥为尾，所有方位均与吉凶有关，顺之者"一家获安，荣华富贵"，逆之则"家破逃散，子孙绝后"。

大约在晚唐时期，罗盘发明出来，并被广泛用于风水。卜应天《雪心赋》中有"立向辨方，应以子午针为正"之说，据后人解释，子午针就是指南针。《九天玄女青囊海角经》说："玄女昼以太阳出没而定方所，夜以子宿分野而定方气，

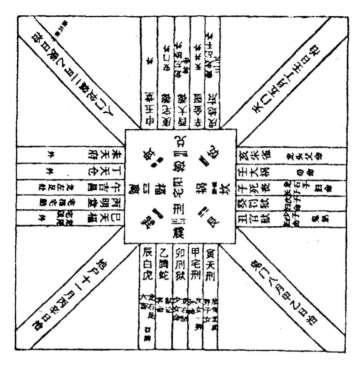

图三十四　宅经理论要点表

用蚩尤而作指南，是以得分方定位之精微。始有天支方所、地支方气，后作铜盘合局二十四向，天干辅而为天盘，地支分而为地盘。"这段话所说罗盘起源出于神话附会，但从中可以知道罗盘的最初型制，是由天盘和地盘组成，上面主要刻有二十四向。大体说来，罗盘是司南与六壬式盘结合的产物，其后在风水家们的手中变得越来越复杂，越来越神秘。

　　天盘和地盘是风水罗盘的两大部件，象征着天圆地方。地盘是正方形，中间凿有一个凹圆；天盘为圆形，盘底略凸，置于地盘的凹圆上可以旋转，中间装有一根指南针，也叫磁针、金针。从各种风水书上所载及实物来看，风水罗盘的型制很多，简单的只有二三层，复杂的有多至四十余层者。如罗经图分五层（见图三十五）：一层天池，风水家认为天池是罗经中之太极，中藏金水，动而阳，静而阴；二层先天八卦，又名内盘，所指适当子午之正；三层后天八卦；四层正针二十四位，分阴龙和阳龙，阴龙是亥、丑、艮、卯、巽、巳、丙、丁、未、庚、酉、辛，阳龙是壬、子、癸、寅、甲、乙、震、午、坤、申、戌、乾；五层七十

图三十五　五层罗经图

二穿山，即六十甲子加上八天于和四维，共七十二，以应七十二候。据王振铎先生研究，罗盘可以按制造地域划分为沿海和内地两大式，前者如福建之洋州、广东之兴宁，后者如江苏之苏州、安徽之休宁等。下面以休宁所制的罗经盘为例（见图三十六），略作介绍，罗盘中的概念前面已解释过的，兹不再赘。

第一层是天池，即太极。磁针居于中，红头指向南方，黑头指，向北方。风水家认为，太极化生万物，一为太极，二为两仪（阴阳、乾坤），三为三才（天、地、人），四为四象（东、南、西、北），五为五行（金、木、水、火、土），六为六甲（甲子、甲戌、甲申、甲午、甲辰、甲寅），七为七政（日、月、五纬星），八为八卦（乾、坤、艮、巽、震、坎、兑、离），九为九星（贪、巨、禄、文、廉、武、破、辅、弼），十为洛书成数九加一。在风水理论中，天池与金针非常重要，立规矩、权轻重、成方圆，莫不由之而定，金针动而为阳，静而为阴，子午中分为两仪，两仪合卯酉为四象，四象合四维为八卦，八卦定方位，于是天道成，地道平，人道立。

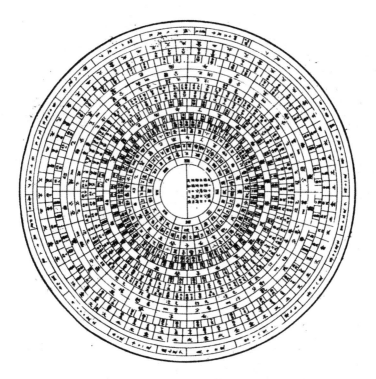

图三十六　安徽休宁万安桥罗经店所制罗盘盘面

　　第二层是先天八卦（多数罗盘为后天八卦）。

　　第三层是九星，有两种提法：一种以唐代杨筠松《撼龙经》所说为代表，名为贪狼星、巨门星、禄存星、文曲星、武曲星、廉贞星、破军星、左辅星、右弼星；一种以宋代廖瑀《九星转变》所说为代表，名为太阳星、太阴星、金水星、木星、天财星、天罡星、孤曜星、燥火星、扫荡星。本罗盘所刻为前者，简称贪、巨、禄、文、武、廉、破、辅、弼。九星与二十四山向、五行相配合，组成艮丙贪狼木、巽辛巨门土、乾甲禄存土、坤乙辅弼木、坎辰申癸破军金、兑丁巳丙武曲金、离壬寅戌文曲水、震庚亥未廉贞火。

　　第四层是天星，共二十四个，即天皇、天厩、天鬼、天乙、少微、天汉、天关、天战、天帝、南极、天马、太微、天屏、太乙、天罡、天官、天苑、天橱、天市、天厨、天汉、天垒、天辅。《易》曰："在天成象，在地成形。"风水家认为二十四天星下映二十四位，星有美恶，故地有吉凶。如天皇在亥上应紫微，艮

155

应天市，酉应少微，丙应太微，为"四垣"，乃为天星之最贵，又称"天星四贵"，除少微外，三贵均有立国建都之验。凡星下照地穴，金木水火土合局则吉，不合局则不吉。

第五层是地纪二十四位，即二十四向，这是内盘，亦称正针。二十四位上应天时二十四节气，下行地中二十四山方，其排列次序是：正北坎卦壬子癸、东北艮卦丑艮寅、正东震卦甲卯乙、东南巽卦辰巽巳、正南离卦丙午丁、西南坤卦未坤申、正西兑卦庚酉辛、西北乾卦戌乾亥。在风水术中，二十四向用来定山向，辨水向。盘中指数如指某节气，则生气临在其对应的一方。另外，以洛书之数推卦气的阴阳（如图三十七），如乾南得九，坤北得一，离东得三，坎西得七，皆为奇数，故该四卦为阳，所纳之干支亦为阳，即乾纳甲，坤纳乙，离纳壬寅戌，坎纳癸申辰，均用红字标示，余为阴，用黑字标示，故又称红黑阴阳。

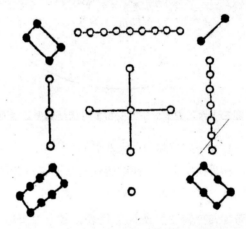

图三十七　洛书

第六层是二十四节气，立春始艮，大寒终丑，以推五运金、木、水、火、土，以察少阴、少阳、太阴、太阳。

第七层是七十二穿山，分布于二十四位之下，每位分三龙十二支，如与亥位对应为丁亥、巳亥、辛亥，与子位对应为丙子、戊子、庚子等。穿山即穿定来龙，搞清了来龙属何干支，才可辨别吉凶，如亥山只可坐丁亥、辛亥两方，子山只可坐丙子、庚子两方。八干四维处于空格中，如指数在此几格为凶。

第八层是分金，在正针二十四山之下，每山各设五位，合为一百二十，用以避免孤虚龟甲。

第九层是中盘人极二十四位，又称中针人盘，子午对准内盘的壬子和丙午之间，处于二十四山方位向右错开半路，指向北极子午。风水家认为中针上关天星厘度气运进退，下关山川分野地脉赖否。

第十层与第八层相同，但错开。

第十一层是透地六十龙。风水家认为，透如管吹灰，气由窍出。五气行于地，发生万物。地有吉气，土随而起。气透于地中，气雄则地随之而高耸，气弱则地随之而平状，气清则地随之而秀美，气浊则地随之而凶恶。

第十二层是口诀，配合透地六十龙解释吉凶。

第十三层是十二次。

第十四层是十二分野。

第十五层是外盘缝针，子午对准内盘的子癸、午丁之间，处于二十四山方位向左错开半格，指向臬影子午。

第十六层与第八层相同，但错开。

第十七层与第十一层相同，但错开。

第十八层是宿度五行。

第十九层是周天宿度，即二十八宿。

以上介绍的是一个十九层罗盘的情况，至于三十余圈、四十余圈的罗盘，又加上八煞黄泉、八路四路黄泉、阴阳龙、劫煞取用、透地奇门、秘授正针二百四十分数、纳音五行、登明十二将等等名目，不要说局外人看起来目迷神眩，就是一般的风水师也未必弄得明白。如果将风水罗盘简化一下，其基本框架不外乎三盘三针（如图三十八）：即内盘正针，起指南针的作用，所指方向为磁极子午；人盘中针，指向北极子午；外盘缝针，指向臬影子午，与正针之间形成磁偏角，用以确定正南方向。其余层次，或多或少，都是微调辅佐的数据，且其功用在风水中说法不同。

清乾隆时期的餐霞道人说过："罗经是堪舆之指南，无罗经则山向何由分，方位何由定。"佛隐《风水讲义》也说："罗经为堪舆家之秘宝，挨星度，正方位，分金定穴，端赖乎是，所以列为阴宅之关键，研究是道者，必先洞悉罗经之妙用。"罗盘使用的关键是看针，根据天池内磁针的晃动情况判断吉凶。风水家

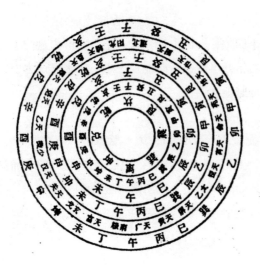

一层天池
二层后天八卦
三层正针
四层十二地支
五层缝针
六层天星
七层中针

图三十八　罗盘正针、缝针、中针示意

归纳出"罗盘八奇"：一搪，惧也，浮而不定，不归中线，说明地下有古板古器；二兑，突也，针横水面，不归子午，其下必有金属矿质或铁器；三欺，诈也，以磁石引之，针转而不稳；四探，击投也，落针而半沉半浮，上不浮面，下不沉底，或一头沉一头浮；五沉，没也，说明地下有铜器；六遂，不顺也，针浮而乱动；七侧，不正也，偏东偏西，不归中线；八正，收藏中线。前七种情况均不吉，只有第八种针归中线为吉。风水师如果格水的方向，就用罗盘（托盘）正中的红线（有的用白线）指定水口交合之处，再转动圆罗盘，使磁针与天池海底线平行，再看红线在圆盘上指的是什么字，就可以根据风水理论推定方位之吉凶，若方向不合适，就调整罗盘，直到吉为止。格龙砂、穴位、建房屋等，都采用相同方式。

地之灵与人之运：阳宅与阴宅

风水活动包括两个方面，这就是阳宅和阴宅。按照阴阳学说，地面为阳，地下为阴，故生人的住宅为阳宅，死人的葬地为阴宅。阳宅的范围很广，除一家一户的居宅外，还包括宫观庙宇、村落、城镇、都会。在风水家看来，"夫宅者，乃是阴阳之枢纽，人伦之轨模……凡人所居，无不在宅，虽只大小不等，阴阳有殊，纵然客居一室之中，亦有善恶。大者大说，小者小论，犯者有灾，镇而祸止，犹药病之效也。故宅者人之本，人以宅为家居，若安即家代昌吉，若不安即门族衰微"。阴宅对活人影响也很大,"人受体于父母,本髓得气,遗体受荫……一气感而应,鬼福及人"。阳宅和阴宅如此之重要,自然不可草率从事,必须顺乎天地阴阳之气,趋吉而避凶,选择吉祥之地。不过,在古代风水典籍中,对阴宅的重视要超过阳宅,但风水家均认为,阴宅与阳宅的原理是相通的,可以相互借鉴使用,两者唯一的区别是地基的容量大小有所不同。如卜应天《雪心赋》说:"若言阳宅,何异阴宫,最重地势宽平,不宜堂局逼窄。"缪希雍《葬经翼·难解二十四篇》也说:阳宅"来龙大势亦与阴宅不殊,唯是到头形体格局有异耳。夫阳舒阴敛,自然之道也。故曰:阳来一片,阴来一线,阴非一线不敛,阳非一片不舒"。《黄帝宅经》在谈到阳宅后,也谓"坟墓川冈并同此说"。下面就分形法和理法两派,介绍一下它们的理论要点,从中看一看风水家们是怎样理解地与人之间的吉凶祸福关系的。

(1)形法派的风水理论。

风水家认为,气充盈于天地之间,气之阳者,从风而行,气之阴者,从水而行,故看地以气为主。在形法派看来:"气者,形之微,形者,气之著,气隐而难知,形显而易见。"也就是说,气本身无形无体,难以捉摸,但地形是气的外在表现,"地有吉气,土随而起,化形之著于外者也。气吉,形必秀润、特达、端庄;气凶,形必粗顽、欹斜、破碎",通过观察地形地貌,便可判断气之吉凶顺逆,选出佳地。形法理论最重要的概念有五个,就是龙、砂、水、穴、向,合称"地理五诀"。其中龙、穴、砂、水,又称"堪舆四科"。《青囊海角经》说:"山水者,阴阳之气也……合而言之,总名曰气,分而言之,曰龙、曰穴、曰砂、曰水。"以下分别疏解。

①龙。

龙是指地脉之行止起伏,通常指山脉。廖瑀《泄天机·寻龙入式歌》云:"爰从重浊凝于地,便有高低势。势来起伏是行踪,前贤呼作龙。"叶九升《地理大成·山法全书》谓:"龙者何?山之脉也……土乃龙之肉,石乃龙之骨,草乃龙之毛。"之所以把山脉称为龙脉,是因为山与龙极为相似。正如徐善继《人子须知·龙法》所说:"龙者何?山脉也。山脉何以龙名?盖因龙妖娇活泼,变化莫测,忽隐忽现,忽大忽小,忽东忽西,忽而潜藏深渊,忽而飞腾云霄,忽而现首不现尾,忽而兴云而布雨;而山脉亦然,踊跃奔腾,聚散无定,或起或伏,或高或低，或转或折，或则逶迤千里，或则分支片改，或则穿田而过水，或则截断而另起。龙不易令人全见，而山脉过峡处，亦必有掩护。龙有须角颈眼，而地之将结处，亦必有砂案。山脉之结美穴，亦犹龙之得明珠。二者无一不相类似，用是以龙定名，山脉直呼之曰龙脉，遂为万古不易之美称。"风水家对上至全国山岭大势、下至一山一丘具体形势，均有自己的看法。

据风水家说，昆仑为龙脉之源，是地首，"如入骨脊与项梁，生出四肢龙突兀，四支分出四世界，南北东西为四脉"。昆仑山分出南、北、东、西四大脉，每脉又有许多支脉，故天下山脉都是昆仑山的延伸和支脉。其中一大支脉在中国，中国处在昆仑东南，故山脉由西向东。其河北诸山，自北寰乘高而来。山脊以西之水，流入龙门西河；脊东之水，流入幽冀，入于东海。其西一支，为壶口奉岳，次一支包汾晋之原。另一支为恒山，又一支为太行山。太行山一千里，其山甚高。最长一支为燕山，尽于平乐。大河以南诸山，则关中之山，皆为蜀汉而来。一支至长安，而尽关中。一支生下幽谷，以至嵩少，东尽泰山。一支自汉水之北，生下，尽扬州。江南诸山，皆祖于岷江，出岷山，岷山夹江两岸而行。左边一支，去为江北，许多去处；右边一支，分散为江南闽广，尽于两浙建康。其一支为衡山，尽于洞庭九江之西。其一支度桂岭，包湘沅而北，尽于庐阜。其一支自南而东，则包彭蠡之原，度歙黄山，以尽于建康。又自天目山分一支，尽于浙。江西之山，皆自五岭赣上来，自南而北。闽广之山，自北而南，一支则又包浙江之原，北首以尽会稽，南尾以尽闽粤，此中国诸山，祖宗支派之大纲也。风水家们还进一步把这些山脉划分为北条干龙、中条干龙和南条干龙三大干龙。《人子须知·龙法》说，大干龙必以大江大河夹送，"天下有三处大水，曰黄河，曰长江，曰鸭绿江。长江与南海夹南条尽于东、南海，黄河与长江夹中条尽于东海，黄河与鸭绿江夹北条尽于辽海"。

在全国性的主干龙脉之下，每个地方也都有各自的龙脉，如"龙入山东有分水三：其一为峄之阴平岭，二为泗水之陪尾，三为芜莱之原山。过此三峡，则东岳插天矣。徂徕，岳之几案也。岳即起祖，遂多分披。其正脉转西南，经东阿、肥城、逆沸水而尽于东平，非大干安能逆此大水？若取其远势，今黄河入海口即水口也，收其近局，巨野泽即水库也。盖泰山以北之水，尽归丑艮；以南之水，尽归辰巽。其趋未坤者，惟随龙之汶水。龙气即止于东平，背乾面巽，其水缠戌，乾元武而去，然后与大清河众水同归丑艮以入海。山东地脉，起止如此"。

在风水活动中，"觅龙"是第一步的工作，若想寻到龙穴，判断龙穴之吉凶，必须先审视龙脉之真伪，而辨别真伪则要从区分干龙和支龙入手，由于地势千变万化，龙脉也错综复杂，有大干龙、小干龙、大枝龙、小枝龙、横龙、直龙等区别。名目虽然繁多，倒也不难辨别，关键要先审定"祖宗山"，简称"祖山"或"祖宗"，也就是龙脉发源处的山岭（如图三十九），如前述昆仑是包括中国在内的天下各国龙脉的祖宗，泰山是山东龙脉的祖宗等。祖宗山中较重要的是太祖山和少祖山，后者尤为关键。太祖山是指龙脉始发源处的山岳，必须高大耸拔，山巅尖者称为"龙楼"，平者称为"宝殿"。太祖山气脉厚重德长，绵延数百千里，其中必然有很多吉穴结作。但是，由于太祖山距穴山遥远，开枝甚多，穴山的吉与凶还要看龙脉剥换及少祖山的美恶而定。少祖山又名"主山"、"主星"，是指接近穴山的高大山峦，有收束气脉并将之输入穴场的作用，所以与龙穴吉凶直接相关，以高大秀挺为佳。审视完祖宗山，还要审视"父母山"，也就是穴山后边的一座山，风水家认为此山直接孕育穴山的龙穴，故用"父母"喻称。如果从受穴山到始发脉处各山由低至高、由小到大，称为"进龙"，风水家认为这是尊卑有序，等级有差，最为吉利，倘若是由高至低、步步退缩，则称"退龙"，此乃后先失序、上下无伦，属于凶象。除寻觅祖宗、父母等外，还要仔细查看山的外形，龙脉屈曲生动为佳，粗蠢硬直为恶。结穴处若有"圆晕"才算真穴，所谓圆晕又叫"太极圈"、"太极晕"，指穴场处微茫隐显的晕圈，这是一种非常玄虚的东西，故尔风水家用"隐隐微微，仿仿佛佛，粗看有形，细看无形"，"远看似有，近看则无，侧看则露，正看模糊"等语以形容其虚无缥渺。

若要找到"真穴"，不但要细审龙脉，也要细致观察穴场周围的形与势。形是指结穴之山的形状，势指龙脉的格局之势。缪希雍《葬经翼·察形篇》谓"势即来龙，形即穴星"，托名管辂的《地理指蒙》卷八十五亦云："来山为势，结穴为形。"势非常重要，只有"来势"——由龙脉源头方向延伸而来的趋势——强大、奇特、聚合、逆向才佳，否则为恶，正如《葬经翼·原势篇》所说："审势之法，欲其来不欲其去，欲其大不欲其小，欲其强不欲其弱，欲其异不欲其常，欲其专不欲其分，欲其逆不欲其顺。"怎样观势呢？有多种方法。比如，要根据地形特点的不同，分为"三势"：第一为"山垄之势"，又称"起伏脉"，是指山

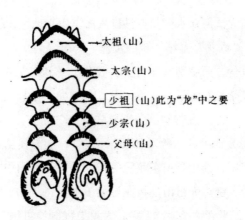

图三十九　风水中山的"宗族"关系示意

岭龙脉，其势宜起伏多跌顿，《葬经》形容为"若伏若连，其原自天，若水之波，若马之驰"。第二为"平冈之势"，又名"仙带脉"，是指山脊平坦处的龙脉，其势宜曲折逶迤，灵活宛转，风水家以"生蛇出洞"形容这种脉势。第三为"平地之势"，又名"平受脉"，是指平地的龙脉，这种龙脉虽形体不明显，只在平原上稍微突起的土阜中继续相连运行，但同样能够融结吉穴，《人子须知·龙法》形容为"坦夷旷阔，相牵相连，蛛丝马迹，藕断丝连，平中一突，铺毡展席"。

　　总起来看，风水典籍所谈观势，以观察山势为主，按照山脉的方向，可以划分为"五势"：山脉由北向南为正势；由西向东为倒势；逆水朝上为逆势；顺水朝下为顺势；首回顾于尾为回势。按照山的形状势态，又可划分为"九龙"：第一"回龙"，形势蟠迎，朝宗顾祖，如舐尾之龙，回头之虎；第二"出洋龙"，形势特达，发迹蜿蜒，如出林之兽，过海之船；第三"降龙"，形势耸秀，峭峻高危，如入朝大座，勒马开旗；第四"生龙"，形势拱铺，支节楞层，如蜈蚣槎牙，玉带瓜藤；第五"飞龙"，形势翔集，奋迅悠扬，如雁腾鹰举，两翼开张，凤舞鸾翔，双翅拱抱；第六"卧龙"，形势蹲踞，安稳停蓄，如虎站象驻，牛眠犀伏；第七"隐龙"，形势磅礴，脉理淹延，如浮排仙掌，展诰铺毡；第八"腾龙"，形势高远，峻险特宽，如仰天壶井，盛露金盘；第九"领群龙"，形势依随，稠众环合，如走鹿驱羊，游鱼飞鸽。

　　对"形"的吉凶判断，也有多种方法。风水家用五行分别指称圆、卤、曲、尖、方五种形状的山峰，形成"五星"说，并依据五行生克原理，附会吉凶（如

图四十）。"金星"是指顶部弓起成圆弧状的山峰，其情清正，宜平圆凝重，忌尖斜走窜；须有"上星"作后龙，若后龙为"火星"，则成凶星；若金星居穴山之西，称为"金鱼袋"，主结大贵之穴，可出卿相。"木星"是指顶圆身端直的山峰，其性顺畅，宜端正耸秀，忌欹斜枯槁；后龙宜有"水星"，若后龙为"金星"，则成凶星。"水星"是指顶部波曲起伏的山峰，其性柔和，宜低昂有势，忌散漫欹斜；宜有"金星"作后龙，若后龙为"土星"，则成凶星。"火星"是指尖顶的山峰，其性燥，宜尖锐峭拔，明净秀丽，忌岩峻破碎；后龙宜有"木星"，若后龙为"水星"，则成凶星。"土星"是指顶平形方的山峰，其性纯厚，宜方正缓厚，忌臃肿倾陷；龙脉要有水、土二星，方能结穴。

在"五星"的基础上，又发展出了"九星"说以指称九种不同形状的山峰（如图四十一）。"九星"的名目有两种提法，一种以唐代杨筠松《撼龙经》所说为代表，名为贪狼星、巨门星、禄存星、文曲星、武曲星、廉贞星、破军星、左辅星、右弼星；另一种以宋代廖瑀《九星转变》所说为代表，名为太阳星、太阴星、金水星、木星、天财星、天罡星、孤曜星、燥火星、扫荡星。

"贪狼星"是指头圆体直的山峰，五行属木，所主吉凶与"木星"相似。"巨门星"是指顶平体方的山峰，五行属土，所主吉凶与"土星"相似。"禄存星"指顶圆体方而多枝脚的山峰，五行属土而兼金，吉凶主要视枝脚形状之好坏而定，《撼龙经·禄存星》言："禄存土星如顿鼓，下生有脚如爪鲍。爪鲍前头有好峰，此是禄存带禄处。大如螃蟹小蜘蛛，此是禄存带杀处。杀中若有横磨剑，此是权星主出武。""文曲星"指形长而顶波曲的山峰，五行属水，所主吉凶与"水星"相似。"武曲星"指顶圆而腰腹微呈方形之山，五行属金，所主吉凶与"金星"相似。"廉贞星"又名"红旗星"，指尖顶而高耸的山峰，五行属火，所主吉凶与"火星"相似，只可作祖宗山，而不可作受穴山。"破军星"指顶圆而脚不齐的山峰，五行属金，但易掺杂火、水之性，形性斜飞破碎，多属不吉。"左辅

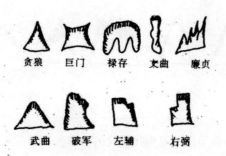

贪狼　巨门　禄存　文曲　廉贞

武曲　破军　左辅　右弼

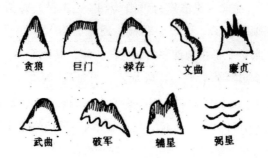

贪狼　巨门　禄存　文曲　廉贞

武曲　破军　辅星　弼星

图四十一　九星示意

星"指形如幞头（头巾）的山峰，五行属金，"右弼星"形如展席铺毡，隐在平地，不起峦头，无固定形状，五行属水；左辅星和右弼星分居穴山明堂之左、右，共同关提穴前水流，以辅助穴气蓄聚融结。

　　"太阳星"指顶圆而高耸的山峰，五行属金，八卦属乾，名曰"帝座之星"，号曰"救祸之神"，是"人君之象"，能结大贵之穴。"太阴星"指顶圆带方而较低矮的山峰，五行属金，八卦属兑，名曰"龙墀之星"，号曰"助福之神"，是"后妃之象"，能结富贵之穴。"金水星"指顶圆中兼波曲的山峰，五行金、水相生，八卦属离，名曰"宝盖之星"，号为"辅正之神"，是"辅臣之象"，能结贵穴。"木星"与"五星"中之"木星"相同，五行属木，八卦属震，名曰"贵人之星"，号为"行赦之神"，是"图书之象"，结穴能致功名富贵。"天财星"指体方顶平（或拗曲或起双峰）的山峰，五行属土，八卦属坤，名曰"天马之星"，号曰"制用之神"，是"仓廪之象"，主结富贵之穴。上述五星合称"五吉星"，都能传导、蕴结吉气。"天罡星"指上圆下拖尖尾的山峰，五行属火，八卦属离，名曰"天魁之星"，又名"天劫星"，号为"降祸之神"，是"甲胄之象"，主兵祸。"孤曜星"指上圆下直的山峦，五行金、木相克，八卦属乾，名曰"天均之星"，又名"天烈之星"，号为"吐毒之神"，是"囹圄之象"，主劫祸。"燥火星"指上下俱尖的山峦，五行属火，八卦属离，名曰"劫杀之星"，是"戈矛之象"，主劫祸。"扫荡星"是上下均屈曲的山峦，五行属水，八卦属坎，名曰"咸池之星"，号为"流连之神"，亦主劫祸。上述四星合称"四凶星"，都不利于传导、融结龙脉吉气。

除五星、九星中那些不吉利的山形以及不吉利的砂山配合外，风水家认为还有五种山岭不利于生气的运行和蓄积，不能立穴，称为"五不葬"。这五种一是"童山"，是指不生草木之山；二是"断山"，是指崩陷断裂或人工凿断致使"气脉"不续之山；三是"石山"，即"气脉"融结之处不宜有石；四是"过山"。又名"过龙"、"行龙"，指"气脉"正在前行、尚未停蓄结穴的山峦；五曰"独山"，指无护从诸山及界水相随的孤山。《葬书》解释说："气以生和，而童山不可葬也；气因形来，而断山不可葬也；气因土行，而石山不可葬也；气以势止，而过山不可葬也；气以龙会，而独山不可葬也。"

除上面介绍的外，观形还有其他一些方法，不一一介绍。在风水实践中，风水师还常采用"喝形"的方式，凭着直觉观测把山比作某种动物，如狮、象、龟、蛇、凤等，并将动物所隐喻的吉凶与人的吉凶衰旺联系起来。

②砂。

砂是对龙穴前后左右的山丘、高地或隆起之处的总称。廖瑀《泄天机·消砂入式歌》云："昔贤何以唤为'砂'？于理自呼差。杨（筠松）、曾（文遄）教人原有格，五（星）、九（星）只从砂上拔。"可见之所以称为砂，是因为当初风水师以砂子堆成模型，以传授寻龙点穴之法。察砂与上面介绍的观形是一致的，或者说根据五星、九星等理论观察砂山形体以辨别吉凶是察砂的第一步。但观形主要是单独地考察一座座山的形体，察砂主要在于把握龙穴周围山的总体布局。形法派风水理论讲究主龙四周要有帐幕，"后有托的、有送的，旁有护的、有缠的，托多、护多、缠多，龙神大贵"，无帐幕则主龙孤单，为"独山"，大不吉。

在察砂时，"四灵"说是一种基本的理论，即左为青龙，右为白虎，前为朱雀，后为玄武。托名郭璞的《葬经》论述说："经曰：地有四势，气从八方。故葬以左为青龙，右为白虎，前为朱雀，后为玄武。玄武垂头，朱雀翔舞，青龙蜿蜓，白虎驯頫。形势反此，法当破死。"可见四灵之山的形态，必须生动，对主龙表现出恭顺护卫之态，否则不吉。左右的砂山又分为上砂、下砂，区分的方法是根据风的来向，如左边来风，则左为上砂，右边来风，则右为上砂，上砂宜高大，下砂宜低小。在风水中，左右的龙虎山最完美的配合形式是"龙虎正体"，即龙、虎砂都出于两旁，左右对称，齐来弯抱。但这种形式在自然界中较少见，更多的是非对称的形式，风水家将它们区分为"左右单股"、"单股变体"、"左右仙宫"、"左右纽会"、"两股直前"、"两股张开"等。"左右单股"是指龙、虎砂都由穴山两旁生出，一股向前，一股缩后，龙砂长者称"左单股"，虎砂长者称"右单股"；"单股变体"是指龙、虎砂一股由穴山本身生出，一股由外山相配；"左右仙宫"是指龙砂环抱、虎砂缩短，或虎砂环抱、龙砂缩短；"左右纽会"是指龙脚抱过虎脚，或虎脚抱过龙脚。上述几式虽然一先一后，一长一短，一亲一疏，但都能收水之功，属于正体。"两股直前"是指两股虽长，却不弯抱；"两股张开"又名"张山食水"，指龙虎两股呈钝角张开。这两式若有外山横拦于前，尚可用，否则凶多吉少：还有一种"本体格式"，即穴山本身无龙、虎砂生出，但可假借隔水两边的远山为用，这样外来诸水河聚归当面，得外气象，是大吉之形。（如图四十二）

龙穴前面平坦开阔、水聚交流的地方，称为"明堂"，又叫"内阳"。依照距离穴场的远近，又可分为小明堂、中明堂（内明堂）、大明堂（外明堂）。穴庭前左右两翼略微高起之处，称为"蝉翼砂"，有聚敛外气归穴之功用，蝉翼砂内的平坦地段，就是"小明堂"，一般大小可容一人侧卧，没有小明堂必非真穴。"中明堂"（内明堂）则是指青龙、白虎二砂山内的地段，凡美穴必有中明堂，中明堂以窝平圆扁为常体，"不可太阔，太阔近乎旷荡，旷荡则不藏风；又不可狭，太狭则气象局促，穴不显贵。须宽狭适中，方圆合度，不卑湿，不敧斜，无流泉滴沥，无圆峰内抱，无恶石撑柱"。"大明堂"也叫"外洋大明堂"，指穴山前方，案山之外水聚交流处，此地正当四水交会出口之所，必须有重山关拦，方能使穴山旺气不外泄。在风水家那里，明堂被细分为许多种，归为吉格和凶格两类。吉格包括：交锁明堂，因明堂中两边有砂交锁而得名；周密明堂，因四周拱固无泄而得名；朝进明堂，因堂前有特朝之水而得名；宽畅明堂，因穴前开广明畅而得名；大会明堂，因众水归堂而得名；广聚明堂，因众山众水团聚而得名。凶格包

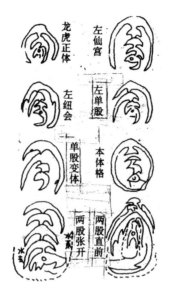

图四十二　龙虎正体图

括：劫杀明堂，因尖砂顺水而得名；反背明堂，因悖逆之象而得名；倾倒明堂，因水倾砂飞而得名；旷野明堂，因穴前穴旷而得名；破碎明堂，因窟窦尖怪而得名（如图四十三）。

交锁明堂　　　周密明堂　　　旷野明堂　　　劫杀明堂

图四十三　明堂图例

凡贵美之龙穴，正面前方须有朝山、案山，倘若山岭孤立独特，无朝、案二山在前照应，则为"不及之穴"，在此埋葬先人，会导致人丁断绝。所谓"朝山"，又名"朝砂"、"外阳"等，指在前方与龙穴遥相对应的山，"案山"又名"近案"、"前案"、"迎砂"、"中阳"等，指穴山近前的矮山。"夫日朝日案，皆穴前之山，其近而小者称案，远而高者称朝"。风水家论朝山说："两水夹来为特朝，朝山此格最清高，尖秀方圆当面起，子孙将相玉横腰。其次还求横朝山，横开帐幔于其间，或作排衙并唱诺，亦须情意两相关。伪朝之山形不一，过我门兮不入室，翻身侧面向他人，空使有凶而无吉。平原看局取回环，高一寸兮即是山，但得水缠看下手，窝钳乳突是元关。"又论案山说："面前有案值千金，远喜齐眉近应心。案若不来为旷荡，中房破败祸相侵。案山最喜是三台，玉几、横琴亦壮哉。笔架虽有亦嫌粗，臃肿斜飞不若无。压穴巉岩并丑恶，出人凶狠更顽愚。案山顺水本非良，过穴湾环大吉昌。若有外砂来接应，兴人榜上姓名看。外人作案亦堪求，关抱元辰气不流。纵有穴情无近案，中房颠沛走他州。"

受穴之山称"主龙"，朝山和案山则称"宾龙"，"主、宾须形势相称，切忌宾山陵主"。其他砂山与主龙的关系亦然，要形成主仆拱卫之势。黄妙应《博山篇·论砂》根据其前后位置将砂分为侍砂、卫砂、迎砂、朝砂，论其功能为："两边鹄立，命曰侍砂，能遮恶风，最为有力；从龙拥抱，命曰卫砂，外御凹风，内增气势；绕抱穴后，命曰迎砂，平低似揖，拜参之职；面前特立，命曰朝砂，不论远近，特来最贵。"

③水。

郭璞《葬书》说："风水之法，得水为上。"在风水理论中，水占有极其重要的位置。水被称为"外气"，"水流土外谓之外气，气藏土中谓之内气"。山有山脉，地有地脉，水亦有水脉，都是"龙脉"，故水脉又称"水龙"。山龙和水龙密切相关，山有行止，水分向背，乘其所来，从其所会，水会即龙尽，水交则龙止，水飞走则生气散，水融注则内气聚。寻山之龙要追溯祖宗山，寻水之龙也要追溯源头，《管氏地理指蒙》卷三对全国水龙介绍说："夫出口之归替，北以河汾为宗，东以江海为宗，西以川洛为宗，南以闽浙为宗。谓山不独贵承其宗，水亦各有其祖宗也。河水出昆仑，汾水出太原晋阳山，江水出岷山，洛水出冢岭，浙水出歙县玉山。"

地势低平、江河穿流的地带称为"平洋"，在这种地方观势，不要察山土之脉而要观水，"行到平洋莫问踪，但看水绕是真龙"。山有佳恶，水有吉凶。凡水之来，欲其屈曲。横者欲其绕抱，去者欲其盘桓，回顾者欲其澄凝。若是海水，以其潮头高、水色白为吉；若是江河，以其流抱屈曲为吉；若是溪涧，以其悠洋平缓为吉；若是湖泊，以其一平如镜为吉；若是池塘，以其生成原有为吉；若是天池，以其深注不涸为吉。凡水之来，若直大冲射、急溜有声、反跳翻弓都不佳；水若无情而不到堂，虽有若无；若视之不见水，践之鞋履尽湿，或掘坑则盈满，冬秋则枯涸，此乃山衰脉散所致，不吉；若是泥浆水，得雨则盈，天晴则涸，此乃地脉疏漏，不吉；若是腐臭水，如牛猪涔，最为不吉。风水家认为，水之美有四项标准，称为"四喜"，一喜环湾，二喜归聚，三喜明净，四喜平和，环湾则无"分支之凶"，归聚则无"飞走之患"，明净则"暗煞不生"，平和则"倾折不及"。

大体说来，风水家观测与探察水，主要包括四方面内容：

第一，区别水的种类，海水、江河、溪涧、湖泊、泉水、池塘、井水等等，各有不同要求。风水家还对每种水作了进一步划分，如泉水有汤泉、红泉、冷浆泉、涌泉、溅泉、漏泉、龙湫泉、瀑布泉之分，有吉有凶。如汤泉是指温泉，有硫磺在下，水上出而沸腾，冬烫夏凉，主富贵；红泉是指矿泉，水呈红色，其下有矿，早晚必然开掘，毁伤龙脉，不可结穴；冷浆泉味淡、色浑、气凶，不吉。

第二，观察水的颜色气味，以清淳香冽者为上。黄妙应《博山篇·论水》说："寻龙认气，认气尝水。水其色碧，其味甘，其气香，主上贵；其色白，其味清，其气温，主中贵；其色淡，其昧辛，其气烈，为下贵。苦酸涩，若发馊，不足论。"

第三，鉴别水流的形状。风水家认为，水流的形状关乎吉凶，不可不慎。《水龙经》中介绍了一些水形的吉凶，并附有图示（如图四十四）。如"干水散气"，干气斜行，似有曲折而非怀抱，又无支水以作内气，总不结穴；"干水成垣"，水派过大，如树之身，水城回绕，有结穴处；"枝水交界"，右边上下均有水流来，左右朝抱，中间结穴，福力甚大；"曲水朝堂"，抱曲而去，此处可结穴；"支干"，大水汪洋是干龙，支龙作穴出三公；"反水"，龙头水反，家破人离；"兜抱"，右畔有池兜，富贵永无休；"飞龙"，飞龙之水腹中求，子孙去败风池头；"二龙"，二龙相会号雌雄，富贵出三公。也有的风水家把水分为这样几种类型：逢刚不畏，遇柔得明，顺势就体而来，称为"随龙"，贵在分支；左右从宾而至，称为"拱揖"，贵在前面；前后循环而抱，称为"绕城"，贵有情意；左右如弓而伏，称为"腰带"，贵有湾环；坐下而出，称为"元辰"，不宜直流；入穴而聚，称为"交合"，要取分明。

第四，察看水的方位，方位不同，吉凶亦异。如宅左有流水，谓之青龙，宅

天地智道

积阳为天　积阴为地

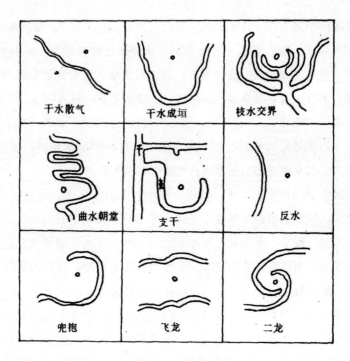

图四十四　水龙图例

前有天然池塘，谓之朱雀，与宅右的长道（白虎）和宅后的丘陵（玄武）相配，为最贵地，但若池塘在屋后，则主出寡妇。再如水井，"吉方凿井而饮，生聪明俊秀之子，凶方凿井而饮，生愚拙蠢顽之子"，其方位对住家吉凶影响甚大，不可乱凿。在风水术中，特别重视"水口"。所谓水口，就是某一地方水流入或流出的地方。《入山眼图说》卷七云："凡水来处谓之天门，若来不见源流谓之天门开，水去处谓之地户，不见水去谓之地户闭。"可见入水口称为天门，出水口称为地户，天门要开敞，不宜直射关闭，地户宜封闭，最忌直去无收。我国地势由于西高东低，风水家也讲究天门应在西北，地户应在东南。由于水多以高处而来，入口自然开敞，不须多加经营，故风水中的"水口"后来专指水流出口处。自水入至水出为水口范围，越大越吉："自一里至六七十里或二三十余里，而山和水有情，朝拱在内，必结大地；若收十余里者，亦为大地；收五六里、七八里者，为中地；若收一二里地者，不过一山一水人财地耳。"

水口有关拦生气的职能，其势宜迂回收束，有重山关拦，若旷阔直去，则生气外泄，不利生气融结。所以，最好的情形是水流去处两岸有砂，称为"水口砂"，将脉气紧紧关镇住。《葬经翼·水口篇》说："夫水口者，一方众水总出处也……必重重关锁，缠护周密，或起悍门相对特峙，或列旌旗，或出禽曜，或为狮象，蹲踞回护于水上，或隔水山来，缠裹大转大折不见水去，方佳。"也就是说，水口砂不厌其繁多，应该周密交结，狭塞高拱，犬牙相错，异石挺拔，其形如印笏、禽兽、龟蛇、旗鼓，其势如猛将挡关，卫士护驾，车马盈塞，剑戟森立，若重叠不计其数、迂回至数十里，有罗星、华表、捍门、北表、关砂排列，则为水口砂的贵格。

图四十五　黟县西递水口

但是，像上述这样好的水口砂可遇而不可求，一般地方不具备这样的条件，水奔流直去者也不少，为了聚拦生气，就需要人为造成"关锁"之势。在乡村中，最常见的方法就是在水口处架设一座桥梁，再辅以树、亭、堤、塘等，东南人文郁盛之地则往往还建有文昌阁、奎星楼、文峰塔、祠堂等建筑，如徽州休宁古林村"东流出水口桥，建亭其上以扼其冲，而下注方塘以入大溪，为村中一大水口，桥之东有长堤绵亘里许，上有古松树十株"。从《西递明经壬派胡氏宗谱》所载图看，黟县西递水口有文昌阁、奎星楼、文峰塔、关帝庙、水口庵、牌坊等（见图四十五）。在平原地区，地形不好利用，水口布置也无法像山区那样理想，一般是在去水中央立"罗星洲"或土墩，有的还在其上建阁或庙。

察看水口之外，还要观察"水城"，所谓水城，是指围绕穴山的水流所构成的形局，其作用在于界限龙脉，使穴气蓄聚（如图四十六），《人子须知·水法》谓："夫水城者，所以界限龙气，不使荡然散逸者也。"风水家将水城划分为金、木、水、火、土"五星"，其形状不像山之"五星"那样具体直观，多由风水师任意指划。据风水口诀，金星城为："抱城弯弯似金城，圆转浑如绕带形。不但荣华及富贵，满门和顺世康宁。"木星城："峻急直流号木城，势如冲射最有凶。军贼流离及少死，贫穷困苦又伶仃。"水星城："屈曲之玄号水城，盘桓故宅似多情。贵人朝堂官极品，更夸世代有名声。"火星城："破碎尖斜号火城，或如交剑急流争。更兼湍激声澎湃，不须此处觅佳城。"土星城："方正圆平号土城，有吉有凶要详明。悠扬深涨斯为美，争流响峻贼非轻。"水城五星与山形五星的吉凶也不同，金、水、土城圆曲环抱为吉，木、火城直冲斜折为凶，蒋平阶对此的解释是："盖水城喜柔荏而土形转抱，与木、火之刚强冲激者判然矣。"

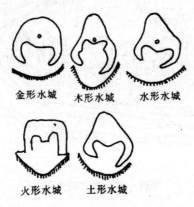

金形水城　木形水城　水形水城

火形水城　土形水城

图四十六　水城图

④穴

"穴"就是"龙穴"，在风水理论中指土中气脉凝聚处，这里生气最旺，适合安坟或立宅。穴的地位极为重要，"三年寻龙，十年点穴"，一点马虎不得，即使找到了真正的风水宝地，龙、砂、水都很理想，但若点穴不准，则一切枉然，正如《玄女青囊海角经》卷三《点穴》所说："定穴之法如人之有窍，当细审阴阳，熟辨形势，若差毫厘，谬诸千里，非惟无福荫祜，抑且酿祸立至，可不慎欤！"

正因为点穴如此困难，所以风水家提倡悟性，"阴阳相度，妙在一心"，不可"仿效比拟，依样画葫芦"。

穴在龙脉上的位置不同，凝聚的生气力量强弱也有异。"龙之落局，融结不一，而其大要有三：有初落，有中落，有末落"，这在风水理论中合称"三落"。"初落龙"是指在距祖山不远处结穴，只要局势完密，发福最速，只是不能耐久；"中落龙"指在中段结穴；"末落龙"又名"大尽龙"，指在末段结穴，气势最豪雄。"三落"都是指在龙脉正干上结穴，但也有许多是在枝龙上结穴。徐善继《人子须知·龙法》中有"出脉"之论，亦分三种："中出脉"指龙脉正中出身、运行及落穴，"受穴之龙，自离祖出身落脉，乃过峡落穴等处，脉从中出，左右均匀，蝉翼仙带，夹护整齐，或开帐贯中出脉，或列屏台盖星而脉从中落，或左右摆布均匀而脉从中发，皆谓之中出脉，若护山周密，不被风吹，则融结力量必大，主巨富显贵。""左出脉"指龙脉由左侧出身、运行及落穴，"左出脉者，龙之出身及行度、过峡、入穴等处，脉均从左畔出"，结穴力量比中出脉小。"右出脉"指龙脉由右侧出身、运行及落穴，"右出脉者，龙之出身发脉及行度、过峡、入穴等处，脉从右落"，结穴力量比中、左出脉皆小，甚或不能结穴，因为"山之形势右少左多，两畔不匀，只是蝉翼、仙带及外从皆照应周密，故前去亦有结作，若从山不周，则无融结。"在《堪舆漫兴》中，刘基则将穴分为正受、分受、旁受三种，其论"正受穴"云："迢迢特至为正受，正受之穴世罕有。万水千山结我坟，儿孙庆泽天壤久。""分受穴"："一枝臂上脱形来，亦有规模堪剪裁。莫谓分龙为小结，小以成小有余财。""旁受穴"："问君何者为旁受，正受龙身气脉洪。或在两边龙虎上，或于官鬼护缠中。"

为了探寻穴的准确位置，风水家对穴形进行了细致研究，并用了许多比喻以进行说明。"地中之造化即人身之造化"，风水家认为地与人存在着对应关系，故多以人身为喻，常见的是以头部、上身、下身为喻，如孟浩《雪心赋正解》卷二说："上聚之穴，如孩子头，孩子初生囟门未满，微有窝者，即山顶穴也；中聚之穴，如人之脐，两手即龙虎也；下聚之穴，如人之阴囊，两足即龙虎也。"有人提出，穴形的原型是女阴，《雪心赋正解》卷二中所画穴图就是明证，具体解析如下（如图四十七）："化生脑"为主山之前的山麓隆起，原型为阴阜；"八字水"为沿山坡向穴之两边分流之水，形似"八"字，故名，有三层，内一层位于

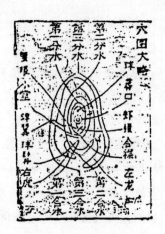

穴后最近的水路为"小八字"，又称"第一分水"，原型为大、小阴唇之间的皮肤皱沟，中一层靠近主山至龙虎所交的水路为"中八字"，又称"第二分水"，原型为大阴唇与大腿间的皮肤皱沟，外一层离穴最远的水路为"外八字"，又你"第三分水"，因位于主山之后、龙虎（象征大腿）之外，故在人体无对应部位；"圆球"是位于化生脑之下，葬口之上的隆起部分，原型为阴蒂；"蝉翼"又名"暗翼"，指第一分水和第二分水之间的两股细砂，原型为小阴唇；"明肩"为第二分水内侧的两道明砂，原型为大阴唇；"葬口"即穴口，原型为阴道口；"太极晕"位于葬口之中，原型为宫颈；"明堂"（前已详细介绍）原型为会阴。

　　在这个穴图中，葬口最为关键，必须选准，依靠"太极晕"既可判断真穴所在，又可判断穴之形态。"太极晕"一般称"圆晕"，风水家认为分四种形态，分称"四象"：一'为"脉象"，指穴场中心圆晕微微起脊之象，"凡圆晕中略成形如垂丝，如飞带，如穗茎，如韭叶，近看则有，远看则无，方是，高山平地皆有之，作居穴当取中定基，作葬穴当用盖、粘、倚、撞四法"。二为"息象"，指穴场中心圆晕微微起形之象，"凡晕中或起如痈肿，如结块，如鸡心，如鱼胞，近看则有，远看则无，方是，高山平地皆有之，作居穴当剖开定基，作葬穴用斩、截、吊、坠四法"。三为"窟象"，指穴场中心圆晕微凹之象，"凡晕中或如漩涡，如仰掌，如腹脐，如釜底，近看则有，远看则无，方是，唯平处多有之，作居穴当增高定基，作葬穴用正、求、架、折四法"。四为"突象"，指穴场中心圆晕微

174

微起泡突之象，"凡晕中如旋螺，如覆勺，如胸乳，如水泡，近看则有，远看则无，方是，唯平地有之，作居穴当凿平定基。作葬穴当用挨、并、斜、插四法"。找到了穴的准确位置，也还远远不是万事大吉，还要进一步判断穴的形状及其祸福吉凶。从外表看来，穴或成窿状，或成突状。风水家有"龙穴四大类"之说，第一类为"窝穴"，又名"开口穴"、"金盆穴"、"窟穴"，指前平后突、两边掬抱的阳结之穴；第二类为"钳穴"，又名"开脚穴"、"钗钳穴"、"虎口穴"、"仙宫穴"，指左右两边掬抱特长而中平后凸的龙穴；第三类为"乳穴"，又名"悬乳穴"、"垂乳穴"、"乳头穴"，指山势垂下复又高起所结之穴，又分为六格，其中长乳、短乳、大乳、小乳为正格，双垂乳、三垂乳为变格；第四类为"突穴"，又名"泡穴"，指平中起突之穴，又分为四格，其中大突、小突为正格，双突、三突为变格。风水家常用各种物象比喻穴，凡如蛇之项，如龟之肩，如舞鹤翔鸾之翅，如狂虾巨蟹之钳，如卧牛垂乳，如驯象之卷唇，如鱼之腮鬣，如驼之肉鞍，如弩之机括，如弹之金丸，如波之漩，如木之痕，如覆手之虎口，如仰手之掌心，都是好穴。寻到好穴，还要善于因穴制宜，"穴有高的、低的、大的、小的、瘦的、肥的，制要得宜，高宜避风，低宜避水，大宜阔作，小宜窄作，瘦宜下沉，肥穴上浮"。

有的穴表面看来具备好穴的形体，但神气已伤，这样的穴不是"真穴"而是"病穴"，不可安坟或立宅。《葬经翼》指出："夫山止气聚名之曰穴，穴有真、病，同乎废人，虽具形骸，神气伤于败缺，而中无所存，如是者法不可葬。"风水家列举的病穴很多，如穴有贯顶者，有折臂者，有破面者，有坠足者，有绷面者，有饱肚者，有割脚者，有漏腮者，有虎蹲者，有玄武拒尸者，有朱雀腾去者，等等。佛隐《风水讲义》则谓有"二十四凶"，这就是死块、露胎、反肘、欺主、背主、白虎捶胸、吐穴、无辅、无实、擎拳、覆体、假抱、断颈缠头、操戈、相斗、龙虎成图、斜飞、边活边死、仰瓦、吹胎、龙衔虎、绷面、头破、青龙钻怀，点穴必不能犯。

为了准确处理穴与脉的关系，形法派还提出"十二杖法"作为立穴的准则。"十二杖法"又叫"倒仗"法，乃是"葬家立穴放棺消息准的之要法也，大较各因其入首星辰脉络自然之势，顺达其情，不违其理，知生气所钟，因放棺以乘之"。大体说来，"倒杖"的方法是："持杖指定来脉入路，以定其'内气'；遂转身看杖所指，以察其'外气'；然后将杖后对峦头的圆顶，前对朝砂、案砂的交会点（即所谓'枕圆就尖'），倒放在地上，沿其走向用石灰标画出一条纵线；接着根据左右护砂的形势，再垂直于纵线'倒一横杖'；所得纵横两线组成的十字形，即为'天心十道'；然后将杖竖在'天心十道'上，'前看后看，左看右看，察其来脉，想其性情'，若脉来不急不缓，则定穴于此；否则，就进行微调：急则向前，缓则移后，脉斜来推左，则向左移；脉斜来推右，则往右靠。"

"倒杖"法包括十二种杖法（如图四十八），其特点如下：

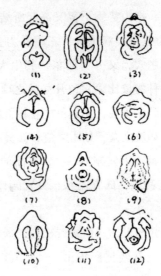

图四十八　十二杖图

第一，顺杖，指顺应葬山龙脉来势而立穴放棺，遇龙势懒缓，脉微屈曲，方可用此法，葬后发福绵长。

第二，逆杖，指侧受穴山来脉而立穴放棺，遇龙势雄长，气脉急梗，可用此法，葬后发福甚骤。

第三，缩杖，指来脉短缓，凿开穴庭之顶放棺以就气脉，葬后人财大旺，发福悠久。

第四，缀杖，指来脉劲直，"于杀气既脱之前，取生气已阑之后，脱脉二三尺，正倒仙杖，大堆客土，长接高塍以续脉，如粘缀然，缓其急气以贯通，止其冲和于骨殖，葬后骤至富贵"。

中国古代智道丛书

天地智道

积阳为天　积阴为地

第五，开杖，指穴场龙脉气硬，便查其生气趋向哪边，稍偏离脉气而放棺，葬后福荫虽远，然有偏枯，倚左长先发，倚右小先发。

第六，穿杖，指斜就来脉旁入之势而立穴放棺，葬后发福久远。

第七，离杖，指来脉雄急，故离开穴庭另于平坡之处堆培客土浅葬以利受脉，葬后出大量宽容之士，绵远无穷。

第八，没杖，指在阳窝（平位）立穴放棺，"盖为乳头肥大圆满，必大开明堂，阔作茔基，为开金取水之义，凿金井于茔基中心，放棺以葬。开掘阔大，脉线泯没，无迹可寻，故曰没杖。葬后气暖骨温，人丁既盛，官爵悠长"。

第九，对仗，指适应来龙来势直昂、突然低跌入穴的特点，在高低相接的折中之处立穴放棺，葬在此处，虽龙真发福，不免有所成败。

第十，截杖，指避开穴前"余气"而在气脉缓急刚柔适中之处立穴放棺，葬在此地，主富贵双全，世代久远。

第十一，犯杖，指凿开穴后长嘴（山势尖突部分）伤犯本山脉气而立穴放棺，此为凶法，忌用，否则翻棺倒尸，刑伤枉死。

第十二，顿杖，指来脉刚险，另堆客土以立穴放棺，亦为凶法，葬后人财衰耗，不吉。

由于具体地势千变万化，在实践中，风水师有时兼用两种杖法，如顺兼偏、顺兼逆、顺兼缀、顺兼穿、顺兼截、顺兼犯，等等（如图四十九）。

（2）理法派的风水理论。

在理法派看来，"地经是山川，原有形迹之可见，天纪是气候，未有形迹之可窥，故必罗经测之，定其位而察其气"。理法派并不反对观察山川形体，而是在"阅冈峦而审定龙气"之外，特别注重探究"未有形迹之可窥"的东西的吉凶祸福，而要进行这种探究，凭肉眼自然不可能，须借重于工具，主要是罗经。与形法派的理论相比，理法派杂采了许多其他方术理论，更加玄奇秘奥，驳杂繁多，难以理解，这里仅选择最常用的八宅周书略加介绍。

"八宅周书"又称"八宝明镜"，是一种以"大游年"变爻方式推导住宅与主人命数的理论。所谓"大游"，本为太乙占卜术中的术语。介绍太乙术的书现存较少，从唐代王希明所著《太乙金镜式经》来看，其法大抵依据《易纬·乾凿度》太乙行九宫之法以占内外吉凶。太乙卜所用工具为太乙式盘，久已失传，

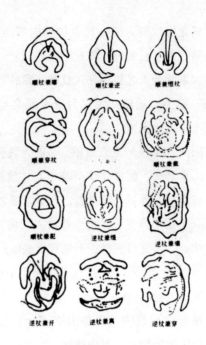

图四十九　兼杖图

1978 年在安徽阜阳汝阴侯墓出土了一具，古太乙占法才略为世人所知，这具太乙式盘被有的学者称为"太乙九宫占盘"，其型制由天盘和地盘组成：天盘按朱熹所谓的《洛书》数字排列，九为百姓，一为君，三为相，七为将，中间的五为吏；地盘上刻有八个方位，分别刻有"当者有忧"（冬至）、"当者有病"（立春）、"当者有喜"（春分）、"当者有僇"（立夏）、"当者显"（夏至）、"当者利"（立秋）、"当者有盗争"（秋分）、"当者有患"（立冬）等字样。这是古太乙法，后世有所发展，但以八个方位和中央组成"九宫"是其基本格局。大游为天地凶神，逆游八宫，不入中宫，起自七宫，三十六年移一宫，十二年治天，十二年治地，十二年治人。

"八宅图书"的核心理论，是将住宅方位赋予"文王八卦"特性，各方位数字依"洛书"之数安排，如图所示（图五十、图五十一）。

八卦中又根据阴阳相配说，分为：

乾、兑、艮、坤，称作西四宅；

离、震、巽、坎，称作东四宅。

图五十　文王八卦方位

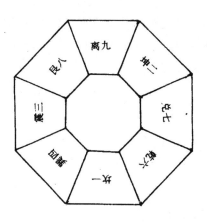

图五十一　八宅图

在设计宅平面时，根据宅的坐向推究宅的属性，也就是在八卦中属于何卦。比如，住宅坐北朝南，称为"子山午向"，属坎性，称坎属。坎属于东四宅，所以只能住属于东四命的宅主人。宅主人的命在八卦中属于何卦，主要是根据其出生年月推算，大多采用三元法。所谓三元法，就是以六十甲子配九宫，一百八十

179

年为一周期，一周期包括三甲子，第一甲子为上元，第二甲子为中元，第三甲子为下元，三元循环不已，术数家据以占验天地人事的变化。风水家按此法列出数表，据表可查出主人的八卦属性，也相应地分为西四命和东四命。最后，根据宅的属性，采用"变爻"的大游年法推断住宅各个方位上的"九星"流布。

变爻大游年法的原理是：八卦中每个卦都由三爻组成，每变一爻即变成另一卦，同时产生一个新的术语，即九星，由此判断吉凶。每卦爻变可有七种不同形式，七变而回复原状。以乾卦为例：

第一，变第三爻称为"祸害"，则乾（☰）变而为巽（☴），凶；

第二，变第二、三爻称为"天医"，则乾（☰）变而为艮（☶），吉；

第三，变第二爻称为"绝命"，则乾（☰）变而为离（☲），凶；

第四，变第一爻称为"生气"，则乾（☰）变而为兑（☱），吉；

第五，变第一、二爻称为"五鬼"，则乾（☰）变而为震（☳），凶；

第六，三爻皆变称为"延年"，则乾（☰）变而为坤（☷），吉；

第七，变第一、三爻称为"六煞"，则乾（☰）变而为坎（☵），凶；

第八，本卦则称为"辅弼"（又叫"伏位"），吉。

一般说来，住宅属某卦就以该卦为"本卦"推算九星，共有八种不同形式（如图五十二）。上述变爻所产生的术语"九星"，其对应关系如下：

生气	贪狼	木——上吉
延年	武曲	金——上吉
天医	巨门	土——中吉
伏位	左辅	木——小吉
绝命	破军	金——大凶
五鬼	廉贞	火——大凶
祸害	禄存	土——次凶
六煞	文曲	水——次凶
	右弼	——不定

"九星"流布决定了住宅各个方位的吉与凶，从而决定住宅的平面，最基本的规则是：门、床、高大的住屋配于吉方，厨房、厕所、浴池、低矮的屋配于凶方。

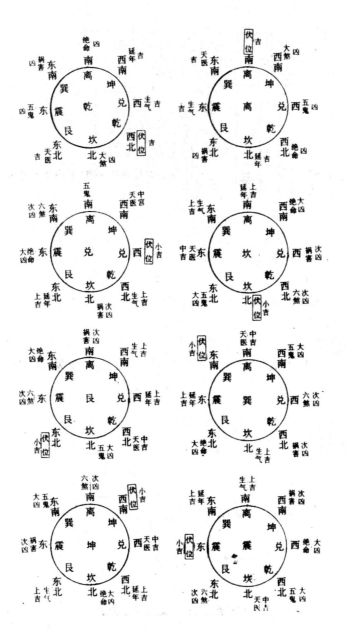

图五十二　《八宅周书》之九星分布原理

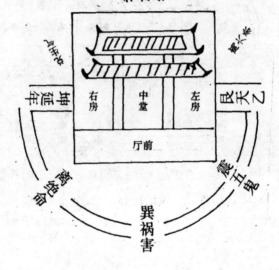

图五十三　乾宅图

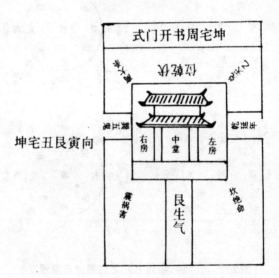

坤宅丑艮寅向

图五十四　坤宅图

乾宅（图五十三）断曰：艮上天乙（医）开门家，

富贵金银仓库盈。

总门生气招财宝，

先吉后还凶。

坤宅（图五十四）断曰：老阴老阳相见方，

夫妇配同乡，

生气开门行正路，

还要天乙（医）助。

前后开门得此方，

富贵扬万邦。

此外，理法派较常使用的理论还有"三合宅法"。所谓三合，据《协纪辨方书·本原》："三合者，取生、旺、墓三者以合局。水生于申，旺于子，墓于辰，故申、子、辰合水局；木生于亥，旺于卯，墓于未，故亥、卯、未合木局；火生于寅，旺于午，墓于戌，故寅、午、戌合火局；金生于巳，旺于酉，墓于丑，故巳、酉、丑合金局也。"生、旺、墓（也作库），实际上就是比喻诞生、旺盛、衰亡。大体说来，"三合"就是十二地支中以三字相合，配以五行中的金、木、水、火，取生、旺、墓三者以合局，申、子、辰三合为水局，亥、卯、未三合为木局，寅、午、戌三合为水局，巳、酉、丑三合为金局。其中申、子、辰三合为木局，则生在申，旺在子，墓在辰，其余三局以此类推。选日家、星命家据此以选择吉日良辰或推测人的运命，风水家则据此推测宅的方位吉凶，故称"三合宅法"（如图五十五）。

（3）人与环境：阳宅吉凶。

在选择"龙穴"的理论方面，阴、阳宅的理论是相通的。但在根据这些理论确定了基址之后，仍有大量工作要做。由于相对说来，住宅要比墓室结构复杂、规模庞大，点穴后的工作事项也就繁杂得多，讲究的方面和禁忌也多。

①宅外部环境。

风水家十分注重住宅的外部环境。《阳宅十书》说："人之居处宜以大地山河为主，其来脉气势最大，关系人祸福最为切要。若大形不善，纵内形得法，终不

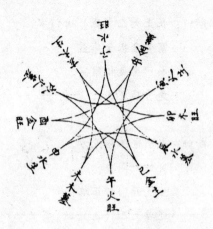

图五十五　三合图

全吉。"（如图五十六）

　　也就是说，如果住宅的外部环境有欠缺，即使宅内部布局十分完美，也不能完全吉利。具体说来，宅外部环境包括水、路、树以及宅与宅之间的关系等等。

　　前面说过，水在风水中的地位极其重要，住宅周围也应有水环境，"或从山居或平原，前后有水环抱贵"。但有水也并不一定吉利，需要审看水的形状和方位。风水家将住宅周围的水分为六种，第一是朝水，如九曲水、洋朝水等；第二是环水，如腰带水、弯弓水等；第三是横水，如一字水等；第四是斜流水；第五是反飞水；第六是直去水。前三种主吉，后三种主凶。水的流向，风水家也认为与住家之吉凶相关，并提出了水冲门、朝门、割门一类的禁忌。池塘由于在住宅近旁，更为风水家所重视，关于其形状和方位也有很多说法，如宅前只能开挖半月形池塘，不能开挖方形池塘，后者称"血盆照镜"，大凶。

　　宅外的路，也有许多讲究，要点是要从吉方来，而且要曲曲折折，才吉利。

　　风水家对宅四周的树木也有许多规定，如宅前不种桑，宅后不种槐等等。风水家还创作了许多口诀论述树与人之吉凶，多属危言耸听，不具引。

　　风水也很讲求宅与宅之间的关系，如不可与众人的住宅方向相反，这称为"众抵煞"，不吉。其主要是要与别人家的住宅保持协调一致，其所言吉凶则无非是借迷信以恫吓，自然不可信。

　　③宅结构布局。

　　风水家对宅的结构布局非常讲究。从整体结构来说，风水家将房屋分为金、

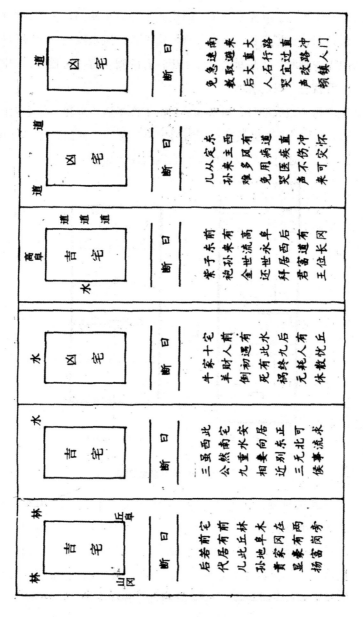

图五十六　《阳宅十书》图表示意

木、水、火、土五形：凡金形，欲其屋宇光明，墙壁严整，四檐相照；木形，欲其屋背高耸，墙垣起伏，四檐拱照；水形，欲其屋宇整洁；火形，欲其屋宇藏风，屋脊不见尖耸；土形，欲其屋宇方正，四檐齐平，墙无缺陷；倘若金形枯边，木形举头，水形歪斜，火形尖长，土形下垂，均不吉。风水家还针对各种具体的住宅格局，提出吉凶判断，有些断语十分荒唐，有的则含有一定道理，即防止建造形状古怪、一看就不顺眼的房屋。

对于住宅的每个组成部分，风水家都制定了许多清规戒律。住宅大门叫"气口"，关系吉凶甚大，讲究也甚多。院内的中心、总门、便门、房门也有许多说法。总的原则是，应通过门的设置使空间曲折幽致（如图五十七）。

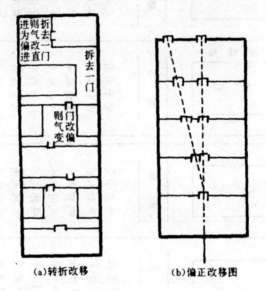

（a）转折改移　　　　　　（b）偏正改移图

图五十七　风水中改移图式

风水家对天井很重视，认为"凡第宅内厅外厅，皆以天井为明堂、财禄之所……横阔一丈，则直长四五尺乃宜也，深至五六寸而又洁净乃宜也，房前天井固忌太狭致黑，亦忌太阔散气，宜聚合内栋之水，必从外栋天井中出，不然八字分流，谓之无神……天井栽树木者不吉，置栏者不吉"，禁忌很多。天井与住宅排水相关，对排水沟也不可忽视，"总宜曲折如生蛇样"。

水井、仓库、厕所的位置，也在风水家考虑之列，并规定了设置的方位。

③符镇

"修宅造门，非其有力之家难以卒办。纵有力者非迟延岁月，亦难遽成。若宅兆既凶，又岁月难待，唯符镇一法可保安全"。在风水术中，符镇之法很多，

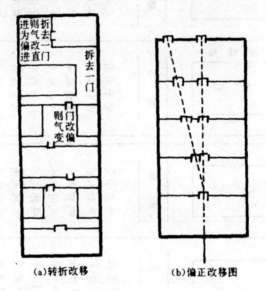

较常运用的是以灵石镇宅。今日在有些地方还可见到上刻"泰山石敢当"和"山镇海"的大石，即其物也。符镇法也较常用，其法是桃、梨、杏等木或纸上画图符，或悬在宅前，或置于宅中，或埋在土中以镇祸（如图五十九）。图符中图五十九符镇——图和文字的结合，风水中无奈的下策类极多。较常见的有：五岳镇宅符，分为中、东、西、南、北五等，凡人家宅不安，或有凶神邪鬼作祟，以此符镇之；镇宅十二年土府神杀符，分子、丑、寅、卯、辰、巳、午、未、申、酉、戌、亥十二符，凡人家修造误犯土凶神，以桃木板书此符于犯处；镇四方土禁并退方神符，分为亥子丑、寅卯辰、巳午未、甲酉戌四种符；凡误犯三杀凶神，用桃木板书此符于犯处；三教救宅神符，按八卦分为八种符，当人家灾祸不止，用此符镇之。由此，我们可以看出道教方术对民间巫术的利用和促进。

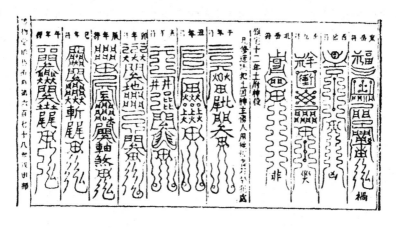

图五十九　符镇——图和文字的结合，风水中无奈的下策

除石镇法和符镇法外，还有一些物品被用作镇物。如镜子，凡人家门首有高楼、庵观、寺院旗杆、石塔相冲，悬镜于门首以镇之，称为"白虎镜"，也叫"照妖镜"。也有的埋木头或泥作的人或牲畜，动物骨、血等等，以起到镇妖祛邪、扶正除魔的作用。这种作法，作为一种补救措施，既表明人们对风水之术和土地地下各种神灵的信奉，同时也是居处凶地的民人寻求一种逢凶化吉、消灾祛邪的挽救之策，以得到内心心理上的一种补偿和慰藉。

综上所述，中国古代，人们对自身赖以生存的基础和衣食供给之源的大地神灵的崇祭，既表示对大地养育之恩的感激之情，更显示了对主宰大地生灵、可造福亦可兴灾的地祇诸神的敬畏之心与祈祝之愿。另一方面，古代中国为探寻大地灵气而兴起的风水之术，不仅强烈地表现了人们对于生前死后自身的吉凶祸福的测定之心，趋吉避害的安全心理与要求；而且，恰是这种半是愚昧、半是科学（中国古代的天地观念中，蕴涵着诸多天文学、气象学、物候学、节候学、农学、地理学、地质地貌学、水文学等科学"因子"），半是迷信半是理性思维的演绎，半是荒诞半是对大地（山形、地势、水文、地貌、灾异）的实物探测的技术综合等的古代风水之术，构成了古代中国天地智道的有机组成部分。从而显示了中国人独特的智慧，更再现了传统文化、智慧之道成长的艰难曲折和精芜并生、智愚共存的漫长历程。由此可知，在中国古代的天地智道之中，既有科学技术的智慧精华，更有诸多封建迷信的糟粕。同时，恰是这种特殊的文化构建，使得科学充当了神学与迷信的伴侣、奴仆，而神学与迷信又使得科学蒙上了非世俗化的、神秘的外衣。

结　语

　　天地观，既是中国古代人们的宇宙观，又是独具特色、充满智慧之道的自然观与人文观的有机统一体。因此，它是构成传统中国民族文化精神的核心之一。中国传统文化不主张割裂人与自然，不将对纯自然现象的科学探索放在首位，但这并不意味着传统中国人缺乏对天地自然的思考；相反，古代中国人站在人与社会的出发点上，不断地对天地自然的本源、构成、关系、交融、发展、未来等问题，进行认真的探究，且代不乏人。他们伴之以民族对天地的崇敬、抗争、艰苦卓绝的奋斗历程，创造、总结出丰硕的科技与思想成果，获得了自然与人文的双丰收，其智慧之道更孕育出一大批堪称有世界影响的科学家、思想家、哲学家，对人类文明发展，作出过具有划时代意义的卓越贡献。

　　大体说来，中国古代的天地观可以区分为三类，这就是自然的天地观、宗教的天地观和伦理的天地观。自然的天地观是把天地视为无生命、无感情的客观物体，认为自然现象都有着各自的规律，与人类的道德品行没有什么关联；宗教的天地观是把天地视为神灵和神灵活动的场所，认为形形色色的神灵对人类生活有重大影响；伦理的天地观是由宗教的天地观派生出来的，它把天地视为道德的本体，认为天道具有福善祸淫的作用。总的看来，古代中国持有自然的天地观的人并不多见，而水乳交融在一起的宗教的和伦理的天地观成为占绝对优势的天地意识。

　　古代中国人关注的焦点既然是自然界对人类生活本身的意义，因而对人在宇宙中的地位问题予以高度重视。在这个问题上，存在着截然相反的两种观念：少数人把人在宇宙中的地位看得无足轻重，认为人极其渺小，其立论的方法是将人与天地在形体上加以比较；大多数人则把人在宇宙中的地位看得极其崇高，认为人是万物之灵，其立论的根据是从人所具有的特性着眼，揭示人独有的智慧和道德品质，赋予人参天地、赞万物的使命。

对天人关系的看法，还影响着对理想人格模式的追求。在传统人格的塑造方面，儒家和道家的影响最大。在"内圣"方面，儒家和道家的追求颇为相似，都强调个体的人格修炼，讲究修养心性，但在"外王"方面，两家却大异其趣：儒家本着"知其不可为而为之"的态度，把修身养性视为治国平天下的基础，道家却采取一种知其不可而不为的态度，主张无为而治。先秦以来，儒、道两家构成一个互补的体系，成为中国传统文化精神的主体。

"天人合一"被认为是中国文化最重要的特性之一，但对于这个最常用的概念的含义，却是众说纷纭。其实，"天人合一"是个包容性很强的概念，可以区分出诸多层面，但其最高层面，应是一代又一代中国哲人追求的"天地境界"，这就是通过恢复人的本性，实现人的本性，达到与宇宙韵律的和谐如一。天地的意义以人生为基础，真正的人类应追求内在的知觉，也就是对存在的根本事实的知觉，当彻底地突入于存在的根源之时，也就实现了与天地的合一。

从形体上说来，人在宇宙中极其渺小，用"沧海一粟"作譬喻也是无限夸大了的；从意识上说来，人又是无限大的，人的意识定了人与其他动物不同，是唯一能有意识地了解宇宙的生灭变化的动物，是"天地之心"。每一个人都不应把自己视为淹没在群体之中的"个人"，而应自觉地发挥"天地之心"的功能，"在我们每个人主体性的自我觉悟中，不仅是人类觉悟到自己的真正本质，其实宇宙森罗万象也悟到它们真正本质"。由此可知，中国古代在天地观的形成、探究过程中，所焕发、形成、洋溢出来的，充满辩证哲理的智慧之道，既是中国历史文明的结晶，更是中国古代人们认知自然、感悟宇宙人生的独辟蹊径。